STUD BOOK FRANÇAIS

REGISTRE

DES

CHEVAUX DE DEMI-SANG

NÉS ET IMPORTÉS EN FRANCE

Publié par ordre de M. le Ministre de l'Agriculture

SECTION BRETONNE

TOME Ier — 1840-1890

Prix : 3 Francs

PARIS

IMPRIMERIE TYPOGRAPHIQUE J. KUGELMANN
12, rue de la Grange-Batelière, 12

1891

STUD BOOK FRANÇAIS

REGISTRE

DES

CHEVAUX DE DEMI-SANG

NÉS ET IMPORTÉS EN FRANCE

TOME Ier — 1840-1890

STUD BOOK FRANÇAIS

REGISTRE

DES

CHEVAUX DE DEMI-SANG

NÉS ET IMPORTÉS EN FRANCE

Publié par ordre de M. le Ministre de l'Agriculture

SECTION BRETONNE

TOME Ier — 1840-1890

Prix : 3 Francs

PARIS

IMPRIMERIE TYPOGRAPHIQUE J. KUGELMANN

12, rue de la Grange-Batelière, 12

1891

Paris, le 30 avril 1887.

RAPPORT

À MONSIEUR LE MINISTRE DE L'AGRICULTURE

Monsieur le Ministre,

L'Administration des Haras a reconnu de tout temps la nécessité de tenir grand compte, dans les accouplements, de l'origine et de la généalogie des étalons et des juments livrés à la reproduction. Elle a toujours considéré que l'adoption de ce principe était la base la plus sûre pour poursuivre utilement l'amélioration des races chevalines.

Dès 1833, elle provoquait une ordonnance « portant établissement d'un registre matricule pour l'inscription des chevaux de race pure existant en France *(Stud Book français)* et institution d'une Commission spéciale pour la tenue de ce registre ».

Cette publication a été continuée, sans interruption, depuis cette époque, et la Commission instituée par l'ordonnance précitée fonctionne chaque année pour l'examen des titres produits à l'appui des demandes d'inscription. Aucune inscription n'est faite si elle n'a été pro posée à M. le Ministre de l'Agriculture par cette Commission.

Parmi les dispositions arrêtées par le Ministre du Commerce (qui avait alors le service des Haras dans ses attributions), sur la proposition de la Commission du registre matricule, pour l'exécution de l'ordonnance du 3 mars 1833, figurait le paragraphe suivant : « Un registre matricule pourra être établi, à l'avenir, pour l'inscription des chevaux provenant du croisement des races pures avec d'autres races, lorsque ce croisement sera parvenu à un degré qui sera ultérieurement déterminé. »

En 1850, la Direction du service fut d'avis que le moment était venu de donner suite à cette disposition spéciale. Des instructions ministérielles en date du 15 juillet de la même année prescrivirent l'ouverture, au dépôt d'étalons de Tarbes, par les soins du personnel de cet établissement, d'un registre matricule pour l'inscription des poulinières d'élite du département des Hautes-Pyrénées et plus particulièrement encore celles de la plaine de Tarbes, siège de la race bigourdane améliorée.

Ce registre, destiné à constater l'importance de la nouvelle famille, devait en former les archives sommaires et authentiques, et offrir plus tard des matériaux pleins d'intérêt à l'histoire physiologique de la production du cheval dans cette partie de la France.

Les éleveurs informés du désir qu'avait l'Administration de constater, dans un livre officiel, l'existence des juments de choix, reconnurent l'utilité de ce travail et fournirent, avec empressement, des renseignements pour l'inscription d'un grand nombre d'animaux.

Le travail, complètement terminé dans le courant de 1851, fut livré à l'impression par ordre du Ministre de l'Agriculture et du Commerce à la fin de la même année, sous le titre suivant : *État civil de la race bigourdane améliorée.*

Le 15 juillet 1850, le Directeur du haras du Pin recevait, comme son collègue du dépôt de Tarbes, des instructions ministérielles relativement à la rédaction d'un

Stud Book spécial de la race chevaline normande améliorée. En exécution de ces ordres, des recherches furent
faites sans interruption, à partir de cette époque, afin de
recueillir tous les documents nécessaires pour mener à
bonne fin cette délicate et très difficile mission.

Les renseignements fournis par les éleveurs de la circonscription ont été rapprochés des documents consignés
dans les archives du dépôt du Pin et contrôlés avec le plus
grand soin. Le travail préparatoire a été terminé le
22 mars 1853, et une décision ministérielle du 19 avril
suivant a approuvé les bases adoptées pour sa rédaction.

Le *Stud Book normand*, définitivement clos le 25 juin
1853, contenait 1,196 noms, savoir : 260 étalons, 411 poulinières et 525 produits de divers âges. Il fut adressé
à M. le Ministre de l'Agriculture et du Commerce, qui
voulut bien faire connaître sa satisfaction au sujet de ce
travail.

L'impression de ce document important était admise en
principe et annoncée aux éleveurs. Divers motifs en re-
tardèrent la publication, qui fut définitivement ajournée :
elle n'a pas été faite au grand regret des intéressés, qui
ont été unanimes à reconnaître que cette mesure était très
préjudiciable au progrès de l'amélioration de la race chevaline anglo-normande.

Une étude spéciale des origines de la famille chevaline
vendéenne a été faite en 1868 et 1869, avec l'autorisation
du Ministre, par l'inspecteur général qui était chargé à
cette époque de l'arrondissement de l'Ouest.

Ce travail devait se diviser en deux parties : la première
contenant le recueil généalogique des étalons employés à
la reproduction dans les départements de la Vendée et de
la Loire-Inférieure depuis 1839 ; la seconde était destinée
aux poulinières de la même région et à leurs produits. Il
était terminé en avril 1869 et soumis à l'Administration
supérieure, qui voulut bien l'approuver et en décider la
publication.

Le premier volume de l'ouvrage, qui reçut le titre de
« chevaux vendéens », a été imprimé dans le cours de

cette même année : il contenait l'origine de 369 étalons. Ce livre, tiré à plusieurs centaines d'exemplaires, a été distribué à tous les éleveurs de la région.

Les événements de 1870 ont arrêté la publication du recueil généalogique des poulinières, qui renfermait 257 juments et 158 produits.

L'essor de la production et de l'amélioration des diverses familles de demi-sang, amené par le fonctionnement de la loi organique de 1874 sur les Haras, rend nécessaire la reprise et la continuation de ces registres généalogiques.

Leur établissement a fait l'objet d'un vœu du Conseil supérieur des Haras ; les éleveurs attendent avec impatience cette nouvelle consécration de leurs efforts, et l'Administration des remontes militaires attache à cette œuvre la plus haute importance. Elle a la ferme conviction qu'elle y puisera des renseignements précieux, au point de vue de la production du cheval de guerre, sur les ressources hippiques des grands centres d'élevage de la France.

Les nations voisines se sont depuis longtemps préoccupées de cette question : c'est ainsi que la Prusse a établi un *Stud Book* très intéressant de la race Trakehnen ; que l'Autriche a fondé celui des chevaux de Lippiza ; qu'aux États-Unis la liste complète et spéciale des trotteurs joue un rôle des plus importants, et, enfin, qu'en Angleterre et en Belgique, on a jugé indispensable d'ouvrir des registres pour l'inscription des sujets de races de trait.

Pour maintenir la France à la hauteur de sa prospérité chevaline, j'ai l'honneur de vous prier de vouloir bien décider que les travaux antérieurs seront repris et arrêter que des *Stud Book* spéciaux pour les familles de demi-sang de races améliorées seront établis et continués par les soins de l'Administration des Haras, qui demeurera chargée de les publier, pour les diverses régions, dans des conditions analogues au *Stud Book* des races pures.

Afin d'étudier les meilleures mesures à prendre pour la rédaction de ce travail et dans le but de lui donner une base régulière et uniforme, j'ai l'honneur de vous proposer de former une Commission composée de membres dont les connaissances spéciales permettraient de fixer les diverses conditions à adopter comme point de départ.

Si vous voulez bien approuver le présent rapport, je vous serai obligé de le revêtir de votre signature, ainsi que l'arrêté ci-joint portant formation de la Commission.

Veuillez agréer, Monsieur le Ministre, l'hommage de mon respectueux dévouement.

Le Directeur des Haras,

H. DE GORMETTE.

Approuvé :

Le Ministre,

J. DEVELLE.

ARRÊTÉ

LE MINISTRE DE L'AGRICULTURE,

Vu l'ordonnance du 3 mars 1833, portant établissement d'un registre matricule pour l'inscription des chevaux de race pure ;

Vu le dernier paragraphe de l'arrêté pris par le Ministre du Commerce, en exécution de ladite ordonnance ;

Considérant qu'il y a lieu, par suite, d'ouvrir, pour la conservation des races améliorées de demi-sang dans les centres les plus importants d'élevage, un registre généalogique qui établisse leur confirmation,

ARRÊTE :

ARTICLE PREMIER.

L'Administration des Haras est chargée d'établir, de continuer et de publier des *Stud Book* spéciaux pour les familles de demi-sang.

ART. 2.

(Suit la désignation des membres composant la Commission.)

Paris, le 30 avril 1887.

J. DEVELLE.

DÉCISIONS DE LA COMMISSION

La Commission du *Stud Book* de demi-sang s'est réunie les 27 mai 1887, 13 juin 1890 et 21 avril 1891. Elle a émis les vœux suivants qui ont été adoptés par M. le Ministre, et à la suite desquels des instructions ont été données à MM. les Directeurs des dépôts d'étalons pour l'établissement des inscriptions :

« Il ne sera ouvert qu'un seul *Stud Book* des chevaux de demi-sang. »

« Le *Stud Book* sera divisé en six sections, savoir :
« Section normande.
« Section bretonne.
« Section vendéenne et charentaise.
« Section du Midi.
« Section du Centre.
« Section du Nord et de l'Est. »

« Seront inscrits aux diverses sections du *Stud Book* des chevaux de demi-sang :
« 1° Les animaux qui, nés avant 1882, auront du côté paternel et du côté maternel un ascendant de pur sang ou de demi-sang ;
« 2° Les animaux qui, nés depuis 1882, auront du côté paternel et du côté maternel deux ascendants de pur sang ou de demi-sang. »

« Seront inscrits d'office tous les étalons de demi-sang qui appartiennent ou qui ont appartenu à l'État et les étalons approuvés de même catégorie, lors même qu'ils ne rempliraient pas les conditions ci-dessus. »

« Les étalons et les juments seront inscrits dans la section du pays où ils produisent.

« Les produits seront inscrits dans la section du pays où ils sont nés. »

« Aucun animal ne pourra être inscrit s'il ne porte un nom. »

« Les étalons de pur sang qui ont concouru à la formation de la famille seront rappelés dans un appendice placé à la fin du volume.

« Seront également inscrits dans un appendice spécial, les étalons de demi-sang qui ont marqué, avant 1840, dans les fastes de la production chevaline. »

COMMISSION

DU

STUD BOOK DES CHEVAUX DE DEMI-SANG

——

Président :

M. LE MINISTRE DE L'AGRICULTURE.

Vice-Président :

M. LE DIRECTEUR DES HARAS.

Membres :

MM. BAILLOD (le général), Inspecteur général permanent des Remontes militaires;

BASLY (de), Propriétaire-éleveur à Saint-Contest (Calvados);

BÉNARDEAU, Chef du 2e Bureau de la Direction des Haras ;

CABANNES (Joseph), Sénateur ;

CUGNAC (de), Directeur de l'École de dressage de Rochefort;

DELANNEY, Inspecteur général des Haras ;

GANAY (de), Inspecteur général des Haras;

GÉVELOT, Député ;

HENRY, ancien Député, Membre du Conseil supérieur des Haras;

JÉGOU-DU-LAZ, Président de la Société hippique de Saint-Pol-de-Léon;

MM. Legoux-Longpré, Secrétaire général de la Société d'Encouragement pour l'amélioration du cheval français de demi-sang;

Lindet, Propriétaire-éleveur à Saint-Léger-sur-Sarthe (Orne);

Papon, ancien Député, Membre du Conseil supérieur des Haras;

Plazen, Inspecteur général des Haras;

Portalès, Inspecteur général des Haras;

Sempé, Propriétaire-éleveur, Membre du Conseil supérieur des Haras.

Secrétaire :

M. Collin, Sous-Chef du 2e Bureau de la Direction des Haras.

Secrétaires-adjoints :

MM. Guillemot, Surveillant stagiaire des Haras;
Magdelaine, Surveillant stagiaire des Haras.

ABREVIATIONS

H. N...............	Haras nationaux.
Al.................	Alezan.
Aub................	Aubère.
B.	Bai.
Bb.................	Bai brun.
Bl.................	Blanc.
C. L...............	Café au lait.
F. P...............	Fleur de pêcher.
Gr.	Gris.
Is.................	Isabelle.
N.	Noir.
P..................	Pie.
Ro.	Rouan.
P. S. A...........	Pur-sang anglais.
P. S. Ar..........	— arabe.
P. S. A. A........	— anglo-arabe.
1/2 s.	Demi-sang.
1/2 s. A..........	— anglais.
1/2 s. Al.........	— allemand.
1/2 s. Am.........	— américain.
1/2 s. Ar.........	— arabe.
1/2 s. A. A.......	— anglo-arabe.
1/2 s. A. N.......	— anglo-normand.
1/2 s. N..........	— normand.
1/2 s. B..........	— breton.
1/2 s. Big........	— bigourdan.
1/2 s. Char.......	— charentais.
1/2 s. V..........	— vendéen.
1/2 s. L..........	— limousin.
1/2 s. Norf.......	— norfolk.
1/2 s. Norf.-B....	— norfolk-breton.
1/2 s. R..........	— russe.
1/2 s. Orl........	— orloff.
1/2 s. Meck.......	— mecklembourgeois.
1/2 s. Carr.......	— carrossier.
S. B. F., t. , p. ..	Stud-Book français, tome , page
S. B. A., t. , p. ..	Stud-Book anglais, tome , page

Nota. — *Le nom qui est inscrit après la date de naissance indique le pays, la région ou le département où est né l'étalon.*

Les dates qui suivent le nom de la circonscription rappellent le temps pendant lequel l'étalon y a fait la monte.

Par suite d'une faute d'impression, le tome Ier de la Section Bretonne commence à la page 413 qui est, en réalité, la première de l'ouvrage.

SECTION BRETONNE

Circonscriptions des Dépôts d'Étalons de Lamballe et d'Hennebont.

DÉPARTEMENTS :

Côtes-du-Nord, Finistère, Ille-et-Vilaine, Morbihan.

N. B. — Certains étalons sont mentionnés comme ayant fait partie de l'effectif du dépôt d'étalons de Langonnet qui a été remplacé depuis par celui d'Hennebont.

1°

ÉTALONS

NÉS DANS LES CIRCONSCRIPTIONS DE LAMBALLE
ET D'HENNEBONT

ÉTALONS

Nés dans les circonscriptions de Lamballe et d'Hennebont

---

1. **ADIEU-VAT** (approuvé).
M. de Kertanguy ; M. Léon.
Al. 1878. — Finistère.
Par *Philibert* ou *Patrocle*, 1/2 s. N., et une jument bretonne.
Lamballe : 1882-1884.

2. **ADIEU-VAT** (approuvé). — M. Y. Sévère.
Al. 1886. — Côtes-du-Nord.
Par *Grain-d'Or*, P. S. Ar., et une fille de Keruscar, 1/2 s. B.
Lamballe : depuis 1890.

3. **ANTÉNOR** (approuvé). — M. C. Caill.
Gr. 1851. — Finistère.
Par *Anténor*, 1/2 s. N., et une 1/2 s. B., par John-Norfolk, 1/2 s. Norf.
Lamballe : 1855-1865.

4. **ANTÉNOR** (approuvé). — M. Y. Péron.
B. 1855. — Finistère.
Par *Anténor*, 1/2 s. N., et une 1/2 s. B., par Géronte, 1/2 s. N.
Lamballe : 1858-1860.

5. **ANTÉNOR** (approuvé).
M. J. Olivier en 1861 ; M. Fagon en 1863 ; M. Stears.
B. 1856. — Finistère.
Par *Anténor*, 1/2 s. N., et une jument bretonne.
Lamballe : 1861-1878.

6. **APOLLON**. — H. N.
B. 1863. — Finistère.
Par *Hermion*, 1/2 s. N., et une jument bretonne.
Lamballe : 1869-1871.

7. **ARMORICAIN, ex-VASSAL. —** H. N.
Al. 1877. — Finistère.
Par *Neuilly*, 1/2 s. N., et une fille de Bélus, 1/2 s. B. (Anténor).
Sa grand'mère : 1/2 s. B., par Grey-Shales, 1/2 s. Norf.
Lamballe : depuis 1882.

8. **ARTHUS. —** H. N.
Al. 1880. — Finistère.
Par *Fire-King*, 1/2 s. Norf., et une 1/2 s. B., par Pretender,
1/2 s. Norf.
Lamballe : 1884-1885.

9. **ARTUS. —** H. N.
B. 1878. — Finistère.
Par *Rabelais* ou *Tambour*, 1/2 s. B., et une fille d'Haricot,
1/2 s.
Lamballe : 1882-1888.

10. **ATALMUC** (approuvé). — M. Mear ; M. Le Floch.
B. 1880. — Finistère.
Par *Dauphin*, 1/2 s. N., et une fille d'Ino, 1/2 s. B.
Lamballe : 1884.

11. **ATAO. —** H. N.
Ro. 1878. — Côtes-du-Nord.
Par *Corlay*, 1/2 s. B., et une 1/2 s. B., par Emeutier, 1/2 s. N.
Lamballe : depuis 1882.

12. **AUBRIOT. —** H. N.
Ro. 1853. — Côtes-du-Nord.
Par *Saklawi*, P. S. Ar., et une jument bretonne.
Lamballe : 1860-1876.

13. **AUBRIOT II** (approuvé). — M. Mélinaire.
B. 1873. — Bretagne.
Par *Aubriot*, 1/2 s. B., et une jument 1/2 s. Norf. B.
Hennebont : 1879-1889.

14. **BARYTON** (approuvé).
MM. Le Bras, 1866 ; Cudennec, 1867 ; Mercier, 1868 ;
Le Roux, 1869 ; Pouliquen, 1874.
Bb. 1862. — Finistère.
Par *Baryton*, 1/2 s. N., et une jument bretonne.
Lamballe : 1866-1877.

15.   **BAYARD** (approuvé). — Mme Roussel.
Al. 1880. — Bretagne.
Par *Santon*, 1/2 s. B., et une fille d'Utin, 1/2 s. B.
Hennebont : depuis 1886.

16.   **BEAUCHÊNE** (approuvé). — M. Kerhoas.
B. 1861. — Bretagne.
Par *Kerbuésec*, 1/2 s. B., et une jument bretonne.
Hennebont : 1867-1870.

17.   **BIJOU** (approuvé). — M. Soubigou.
Gr. 1856. — Finistère.
Par *Gobillard*, 1/2 s. N., et une jument bretonne.
Lamballe : 1860-1870.

18.   **BOY-ARGENT** (approuvé). — M. Raguenès.
Al. 1877. — Finistère.
Par *Vif-Argent*, 1/2 s. A., et Bélette, 1/2 s.
Lamballe : 1881-1890.

19.   **BOXEUR** (approuvé). — M. Corre.
N. 1867. — Bretagne.
Par *Boxeur*, 1/2 s. N., et une fille de Neptune, 1/2 s. B.
Lamballe : 1873.

20.   **BRÉHAN**. — H. N.
N. 1857. — Côtes-du-Nord.
Par *Nautilus*, P. S. A., et *Fanny*, 1/2 s. Irl.
Lamballe : 1864-1877.

21.   **BRETON**. — H. N.
Al. 1864. — Finistère.
Par *Dauphin*, 1/2 s. N., et une 1/2 s. B., par Anténor,
1/2 s. N.
Hennebont : 1869-1877.

22.   **BRETONNEAU**. — H. N.
Aub. 1861. — Côtes-du-Nord.
Par *Aubriot*, 1/2 s. B., et une jument bretonne.
Lamballe : 1865-1868.

23.   **BRILLANTIN**. — H. N.
Gr. 1849. — Finistère.
Par *Kerfloch*, 1/2 s. N., et une fille de Miraculeux, 1/2 s.
Langonnet : 1853

24.   **BRUN** (approuvé). — M. Créach.
Al. 1878. — Finistère.
Par *Ingres*, 1/2 s. N., et une 1/2 s. B., par Soleil, 1/2 s. Car.
Lamballe : 1882-1887.

25.   **BYRON**. — H. N.
B. 1878. — Finistère.
Par *Dauphin*, 1/2 s. N., et une 1/2 s. B., par Hermion, 1/2 s. N.
Sa grand'mère : fille d'Aubriot, 1/2 s. B.
Lamballe : 1882.

26.   **CACUS**. — H. N.
B. 1880. — Finistère.
Par *Sénégal*, 1/2 s. N., et une 1/2 s. B., par Windham, P. S. A.
Sa grand'mère : 1/2 s. B., par Pretender, 1/2 s. Norf.
Hennebont : depuis 1884.

27.   **CADI**. — H. N.
Gr. 1857. — Côtes-du-Nord.
Par *Saklawi-Djedran*, P. S. Ar., et une jument bretonne.
Lamballe : 1862-1875.

28.   **CALVIN** (approuvé). — M. Madec.
Ro. 1885. — Côtes-du-Nord.
Par *Corlay*, 1/2 s. B., et une 1/2 s. B., par Bacchus, 1/2 s. N.
Lamballe : 1889-1890.

29.   **CARABI** (approuvé). — M. Pérot.
Gr. 1875. — Côtes-du-Nord.
Par *Liban*, P. S. Ar., et *Blonde*, 1/2 s. B.
Lamballe : 1879-1880.

30.   **CARÊME**, ex-**BOXEUR**. — H. N.
Bb. 1880. — Finistère.
Par *Ingres*, 1/2 s. N., ou *Fire-King*, 1/2 s. Norf., et une 1/2 s. B.,
par Dauphin, 1/2 s. N.
Lamballe : 1884-1888.

31.   **CARÊME** (approuvé). — M. de Kertanguy.
Gr. 1880. — Finistère.
Par *Corlay*, 1/2 s. B., et une 1/2 s. B., par Emeutier, 1/2 s. N.

32.   **CAUMARTIN**, ex-**NESTOR**. — H. N.
Al. 1880. — Finistère.
Par *Fire-King*, 1/2 s. Norf., et une 1/2 s. B., par Windham, P. S. A.
Lamballe : 1884-1885.

33.   **CHAMPION** (approuvé). — M. Créach.
Al. 1879. — Finistère.
Par *Quondam*, 1/2 s. N., et une 1/2 s. B., par Fancy-Boy,
1/2 s. Norf.
Lamballe : 1884-1887.

34.   **CHARLOT** (approuvé). — M. Le Guen.
B. 1870. — Bretagne.
Par *Cheerly*, 1/2 s. N., et une jument bretonne.
Hennebont : 1876-1888.

35.   **CHERLY**. -- M. Corre, 1878. — M. Robelette, 1879.
Al. 1875. — Finistère.
Par *Cheerly*, 1/2 s. N., et une 1/2 s. B., par Hermion, 1/2 s. N.
Lamballe : 1878. — Hennebont : depuis 1879.

36.   **CHÉRI**. — H. N.
B. 1883. — Finistère.
Par *Salses*, 1/2 s. N., et une fille de Quimper, 1/2 s. B.
Lamballe : depuis 1887.

37.   **CLIN-D'ŒIL**. — H. N.
Bb. 1880. — Côtes-du-Nord.
Par *Maria*, P. S. A., et une 1/2 s. B., par Fourni, 1/2 s. N.
Lamballe : depuis 1888.

38.   **COB** (approuvé). — M. Jaouen.
B. 1871. — Finistère.
Par *The Norfolk-Cob*, 1/2 s. Norf., et une jument bretonne.
Hennebont : depuis 1878.

39.   **CONQUET** (approuvé).
M. Guillou ; M. du Rusquec.
Al. 1880. — Finistère.
Par *Ino*, 1/2 s. N., et une 1/2 s. B., par Cheerly, 1/2 s. N.
Lamballe : 1884-1886.

40.   **COQ-DU-LIBAN** (approuvé). — M. Le Coat.
Gr. 1876. — Bretagne.
Par *Liban*, P. S. Ar., et une jument bretonne.
Lamballe : 1880-1884.

41.   **CORLAY**. — H. N.
Ro. 1872. — Côtes-du-Nord.
Par *Flying-Cloud*, 1/2 s. Norf., et *Thérésine*, 1/2 s. B.,
par Festival, P. S. A.
Lamballe : depuis 1876.

42.   **COSAQUE** (approuvé) — M. Kerneis.
Gr. 1885. — Finistère.
Par *Amasis*, 1/2 s. N., et *Finette*, par Coco (trait amélioré).
Sa grand'mère : Jeanneton, 1/2 s. B., par François Ier, 1/2 s. N.
Lamballe : depuis 1889.

43.   **COSMILIN** (approuvé). — M. Leduff.
Bb. 1873. — Finistère.
Par *Windham*, P. S. A., et une fille d'Aubriot, 1/2 s. B.
Lamballe : 1877-1878.

44.   **COURAGEUX** (approuvé). — M. Guihot.
B. 1866. — Bretagne.
Par *Aubriot*, 1/2 s. B., et une jument bretonne.
Lamballe : 1870.

45.   **CYRIUS** (approuvé). — M. de Rusunan.
Al. 1884. — Finistère.
Par *Veneur*, 1/2 s. N., et *Coquette*, 1/2 s. B., par Ino, 1/2 s. N.
Sa grand'mère : Sioulic, 1/2 s. B., par Fire-King, 1/2 s. Norf.
Lamballe : depuis 1888.

46.   **DAHOMEY**, ex-**DAGOBERT**. — H. N.
Al. 1881. — Finistère.
Par *Fire-King*, 1/2 s. Norf., et *Filou*, 1/2 s. B., par Windham, P. S. A.
Lamballe : 1885-1888.

47.   **DANICHEFF**, ex-**DAUPHIN**. — H. N.
Al. 1877. — Finistère.
Par *Dauphin*, 1/2 s. N., et une 1/2 s. B., par Flying-Cloud, 1/2 s. Norf.
Hennebont : 1881-1888.

48.   **DAUPHIN** (approuvé). — M. Y. Mercier.
Al. 1864. — Finistère.
Par *Dauphin*, 1/2 s. N., et une jument bretonne.
Lamballe : 1868.

49.   **DAUPHIN**. — H. N.
Al. 1883. — Finistère.
Par *Plouënan*, 1/2 s. B., et une 1/2 s. B., par Dauphin, 1/2 s. N.
Lamballe : depuis 1887.

50.   **DAUPHIN** (approuvé). — M. Madec.
Al. 1885. — Bretagne.
Par *Rustique*, 1/2 s. B., et une fille de Plouënan, 1/2 s. B.
Hennebont : depuis 1889.

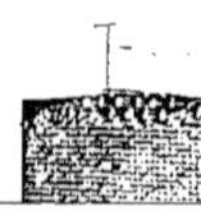

51. DEAR MANOR, ex-**LORD-OF-THE-MANOR**.
H. N.
Al. 1881. — Finistère.
Par *Lord-of-the-Manor*, 1/2 s. Norf., et *Rosette*, par Lesneven,
1/2 s. B.
Lamballe : depuis 1885.

52. DÉCIDÉ (approuvé). — Mme Roussel.
Al. 1870. — Bretagne.
Par *Hermion*, 1/2 s. N., et une jument bretonne.
Hennebont : depuis 1879.

53. DERVICHE (approuvé). — M. V. Rouxel.
Gr. 1864. — Bretagne.
Par *Saklaroi*, P. S. Ar., et une jument bretonne.
Lamballe : 1866-1878.

54. DICKENS, ex-**DINARD**. — H. N.
Aub. 1881. — Finistère.
Par *Urgonte*, 1/2 s. B., et une jument bretonne.
Lamballe : depuis 1885.

55. DILAVAR. — H. N.
Al. 1877. — Finistère.
Par *Page*, 1/2 s. N., et une 1/2 s. B., par Pretender, 1/2 s. Norf.
Lamballe : 1881-1884.

56. DILUL, ex-**GOOD-BY**. — H. N.
B. 1881. — Finistère.
Par *Good-By*, 1/2 s. Norf., et *Miss*, 1/2 s. B., par The Norfolk-Star,
1/2 s. Norf.
Hennebont : 1885-1887.

57. DINAN. — H. N.
B. 1865. — Côtes-du-Nord.
Par *Serenader*, 1/2 s. Norf., et une 1/2 s. B., par Nicéphore, 1/2 s. N.
Hennebont : 1869-1874.

58. DRAPEAU. — H. N.
Al. 1881. — Finistère.
Par *Fire-King*, 1/2 s. Norf., et *Lucie*, 1/2 s. B., par Windham, P. S. A.
Hennebont : 1884-1888.

59. DUPERRÉ, ex-**SALSES**. — H. N.
Al. 1881. — Finistère.
Par *Lord-of-the-Manor*, 1/2 s. Norf., et une jument bretonne.
Lamballe : depuis 1885.

60.   **DUVALLON**, ex-**SÉNÉGAL**. — H. N.
B. 1881. — Finistère.
Par *Fire-King*, 1/2 s. Norf., ou *Sénégal*, 1/2 s. N., et *Robine*,
1/2 s. B., par Belus, 1/2 s. N.
Lamballe : depuis 1885.

61.   **ECHION**, ex-**RABOT**. — H. N.
B. 1881. — Finistère.
Par *Sénégal*, 1/2 s. N., et *Ficelle*, jument bretonne.
Hennebont : 1886-1889.

62.   **ECHIS**, ex-**FIRE-KING**. — H. N.
Gr. 1882. — Finistère.
Par *Usus*, 1/2 s. N., et *Miss*, 1/2 s. B., par Norfolk-Star, 1/2 s. Norf.
Hennebont : depuis 1886.

63.   **ÉCLAIR** (approuvé). — M. Cueff.
Aub. 1886. — Bretagne.
Par *Chambois*, P. S. A., et une 1/2 s. B., par Fire-King, 1/2 s. Norf.
Lamballe : depuis 1890.

64.   **ÉCLEFIN**, ex-**ÉCLAIR**. — H. N.
Al. 1882. — Finistère.
Par *Seymour*, P. S. A., ou *Trévise*, 1/2 s. N., et une jument bretonne.
Hennebont : 1886-1890.

65.   **ÉCUREUIL** (approuvé). — Mis de la Bourdonnaye.
B. 1875. — Bretagne.
Par *Éléazar*, 1/2 s. N., et une 1/2 s. B., par Royal-Fort, P. S. A.
Hennebont : 1880.

66.   **ÉMEUTIER II** (approuvé). — M. Le Meur.
B. 1875. — Bretagne.
Par *Émeutier*, 1/2 s. N., et une jument bretonne.
Hennebont : 1879-1887.

67.   **ÉPOPTE**, ex-**THE MANOR**. — H. N.
B. 1882. — Bretagne.
Par *Lord-of-the-Manor*, 1/2 s. Norf., et une jument bretonne.
Lamballe : depuis 1886.

68.   **ÉRABLE**, ex-**KERELEC**. — H. N.
Gr. 1882. — Finistère.
Par *Ingres*, 1/2 s. N., ou *Lannion*, et une fille de Coco
(trait amélioré)
Hennebont : 1886-1890.

69.   **ÉRADIER**, ex-**SÉNÉGAL**. — H. N.
B. 1882. — Finistère.
Par *Sir-Georges*, 1/2 s. Norf., ou *Sénégal*, 1/2 s. N., et *Pichonne*,
1/2 s. B., par Ingres, 1/2 s. N.
Sa grand'mère : Lucie, 1/2 s. B., par Hermès, 1/2 s. N.
Sa bisaïeule : Sioulic, 1/2 s. B., par Fire-King, 1/2 s. Norf.
Lamballe : depuis 1886.

70.   **ÉRARD**, ex-**ROBY**. — H. N.
Al. 1882. — Bretagne.
Par *Usus*, 1/2 s. N., et une 1/2 s. B., par Émeutier,
1/2 s. N.
Lamballe : depuis 1886.

71.   **ERAWAY**, ex-**ÉMEUTIER**. — H. N.
B. 1882. — Finistère.
Par *Émeutier*, 1/2 s. N., et une 1/2 s. B., par Royal-Fort, P. S. A.
Hennebont : depuis 1886.

72.   **ÉRÈBE**, ex-**BRÉHAN**. — H. N.
Al. 1882. — Finistère.
Par *Taulé*, 1/2 s. B., et une jument bretonne, par Sultan (trait).
Lamballe : 1886-1887.

73.   **ERIAN**, ex-**MARENGO**. — H. N.
Aub. 1882. — Finistère
Par *Sir Georges*, 1/2 s. A., ou *Fire-King*, 1/2 s. Norf.,
et une 1/2 s. B., par Neuilly, 1/2 s. N.
Lamballe : depuis 1886.

74.   **ERYON**, ex-**TRÉGARVAN**. — H. N.
B. 1882. — Finistère.
Par *Y. Trottaway*, 1/2 s. Norf., et une 1/2 s. B., par Sizun,
1/2 s. Norf.
Hennebont : depuis 1885.

75.   **ÉSAÏTE**, ex-**VAINQUEUR**. — H. N.
Al. 1882. — Finistère.
Par *Sylvain*, 1/2 s. N., ou *Urtin*, 1/2 s. B., et une 1/2 s. B.,
par Page, 1/2 s. N.
Hennebont : depuis 1886.

76.   **ESPOIR** (approuvé). — M. Gérard.
B. 1886. — Bretagne.
Par *Karl*, 1/2 s. B., et une 1/2 s. B., par Gladiateur, 1/2 s. N.
Hennebont : depuis 1890.

77.   **FALMOUTH** (approuvé). — M. Forget,
B. 1878. — Bretagne.
Par *Royal-Fort*, P. S. A., et une 1/2 s. B., par Klauk, 1/2 s. N.
Hennebont : depuis 1884.

78.   **FANTAISISTE**. — H. N.
Al. 1883. — Finistère.
Par *Veneur*, 1/2 s. N., ou *Black-Fire-Away*, 1/2 s. Norf.
et une fille de Trégarvan, 1/2 s. B.
Hennebont : depuis 1887.

79.   **FERDINAND**. — M. Leborgne.
B. 1884. — Finistère.
Par *Sénégal*, 1/2 s. N., et *Lucie*, 1/2 s. B., par Rageur, 1/2 s. N.
Sa grand'mère : Pelote, 1/2 s. B., par Hermion, 1/2 s. N.
Lamballe : depuis 1887.

80.   **FESTON**. ex-**ASTOR**. — H. N.
Al. 1883. — Finistère.
Par *Lord-of-the-Manor*, 1/2 s. Norf., et une jument bretonne:
Hennebont : 1887-1888.

81.   **FIGARO**. — H. N.
Gr. 1852. — Finistère.
Par *Mars*, P. S. A., et une jument bretonne.
Hennebont : 1857-1861.

82.   **FITZ-WINDHAM** (approuvé). — M. Vigouroux.
Al. 1877. — Finistère.
Par *Windham*, P. S. A., et une 1/2 s. B., par Pretender,
1/2 s. Norf.
Lamballe : 1881-1882.

83.   **FLEURY** (approuvé). — M. Merret.
B. 1880. — Finistère.
Par *Quatrain*, 1/2 s. N., et *Toubenne*, 1/2 s. B., par Pretender,
1/2 s. Norf.
Sa grand'mère : Violette, 1/2 s. B., par Lieutenant, P. S. A.
Lamballe : depuis 1884.

84.   **FLEURY**. — H. N.
B. 1876. — Finistère.
Par *Lord-of-the-Manor*, 1/2 s. Norf., et une 1/2 s. B., par Hermion,
1/2 s. N.
Lamballe : 1880-1886.

85. **FLYING-CLOUD**. — H. N.
B. 1867. — Finistère.
Par *Flying-Cloud*, 1/2 s. Norf., et une jument bretonne.
Hennebont : 1872-1887.

86. **FOLGOÊT** (approuvé). — M. Mélinaire.
Al. 1886. — Bretagne.
Par *Dinan*, 1/2 s. B. (Lyonnais ou Rector), et une jument bretonne.
Hennebont : depuis 1890.

87. **FOLL**. — H. N.
Al. 1883. — Finistère.
Par *Paradoxe*, P. S. A., et *Lisette*, 1/2 s. B., par Fire-King,
1/2 s. Norf.
Sa grand'mère : Etoile, 1/2 s. B., par Neuilly, 1/2 s. N.
Lamballe : depuis 1887.

88. **FOXHALL**. — H. N.
Al. 1881. — Finistère.
Par *Oak*, 1/2 s. N., et *Vergin*, 1/2 s. B., par Fire-King,
1/2 s. Norf.
Lamballe : depuis 1885.

89. **FRANCŒUR** (approuvé). — M. Forget.
B. 1874. — Bretagne.
Par *Ecolier*, 1/2 s. B., et une jument bretonne.
Hennebont : 1878-1884.

90. **FRANÇOIS II**. — M. Caill.
Gr. 1855. — Finistère.
Par *François I*er, 1/2 s. N., et *Bergère*, par Brillant.
Sa grand'mère : 1/2 s. B., par Grey-Shales, 1/2 s. Norf.
Lamballe : 1858-1872.

91. **GALANTIN**, ex-**MYSTÉRIEUX**. — H. N.
B. 1884. — Finistère.
Par *Danube*, P. S. A., et une fille d'Hermion, 1/2 s. B.
Sa grand'mère : fille de Malplaquet, 1/2 s. B.
Lamballe : depuis 1888.

92 **GALOPIN**. — H. N.
Al. 1884. — Finistère.
Par *Suffren*, 1/2 s. N., et une 1/2 s. B., par Y. Volunter,
1/2 s. A.
Hennebont : 1888-1889.

93. **GANTELET**, ex-**MERCURE**. — H. N.
Gr. 1883. — Finistère.
Par *Tyrtée*, 1/2 s. N., et une 1/2 s. B.
Hennebont : depuis 1888.

94. **GASPARD**. — M. de Rusunan.
Al. 1865. — Finistère.
Par *Hermès*, 1/2 s. N. (Commandeur, 1/2 s. N.), et une jument
bretonne, par Coco (trait amélioré).
Sa grand'mère : 1/2 s. B., par Grey-Shales, 1/2 s. Norf.
Lamballe : 1870-1879.

95. **GASTER**. — H. N.
Aub. 1884. — Côtes-du-Nord.
Par *Midlothian*, 1/2 s. A., et une fille de Y. Bayard, 1/2 s. B.
Lamballe : 1888-1890.

96. **GASTON**, ex-**ÉTONNANT**. — H. N.
Al. 1884. — Finistère.
Par *Fire-King*, 1/2 s. Norf., ou *Amasis*, 1/2 s. N., et une 1/2 s. B.,
par Pretender, 1/2 s. Norf.
Sa grand'mère : 1/2 s. B., par Grey-Shales, 1/2 s. Norf.
Lamballe : depuis 1888.

97. **GENTIL** (approuvé). — M. Heulot.
Al. 1882. — Bretagne.
Par *Scapin*, P. S. A., et une fille de Nessus, 1/2 s. B.
Hennebont : 1886.

98. **GÉRASTE**, ex-**RICHARD**. — H. N.
B. 1878. — Bretagne.
Par *Matador*, 1/2 s. B., et une 1/2 s. B., par Cacus, 1/2 s. Car.
Lamballe : 1882-1884.

99. **GERSEY**, ex-**DILO**. — H. N.
Gr. 1884. — Finistère.
Par *Alcala*, 1/2 s. N., et une 1/2 s. B., par Jarni-Dieu, 1/2
Sa grand'mère : fille de Kercompez, 1/2 s. B.
Lamballe : 1888-1889.

100. **GLAZARD**. — H. N.
Gr. 1884. — Finistère.
Par *Corlay*, 1/2 s. B., et *La Patrie*, 1/2 s. B., par Kreffloski,
1/2 s. Orl.
Sa grand'mère : fille de Gouvieux, P. S. A.
Lamballe : depuis 1889.

101.   **GOLDEN**. — H. N.
Al. 1867. — Finistère.
Par *Flying-Cloud*, 1/2 s. Norf., et une 1/2 s. B., p. Golden-Eclipse,
1/2 s. A.
Hennebont : 1872-1886.

102.   **GOUIALL** (approuvé). — M. Quentric.
Al. 1873. — Finistère.
Par Y. *Volunter*, 1/2 s. A., et une 1/2 s. B., par Hermès,
1/2 s. N.
Lamballe : 1877-1884.

103.   **GOUVIEUX II** (approuvé).
M. Leroux ; M. Demolon.
Al. 1870. — Bretagne.
Par *Gouvieux*, P. S. A., et une 1/2 s. B., par Unisson, 1/2 s. N.
Hennebont : 1875-1890.

104.   **GRÉGOIRE**. — H. N.
B. 1884. — Finistère.
Par *Sénégal*, 1/2 s. N., et *Glase*, par Nemo (trait).
Lamballe : depuis 1888.

105.   **GRIPPE-SOU**. — H. N.
Aub. 1884. — Côtes-du-Nord.
Par *Corlay*. 1/2 s. B., et *Julie*, 1/2 s. B., par Patrocle, 1/2 s. N.
Sa grand'mère : fille de Festival, P. S. A.
Lamballe : 1888-1890.

106.   **GUÉMÉNÉE**, ex-**KÉRASSIGNOL**.
H. N.
Al. 1883. — Finistère.
Par *Rémus*, 1/2 s. N., et une 1/2 s. B., par Bacchus, 1/2 s. N.
Hennebont : 1888-1890

107.   **GUIGNOL**. — H. N.
Bb. 1884. — Côtes-du-Nord.
Par *Corlay*, 1/2 s. B., et *Patience*, 1/2 s. B., par Brandy-Face.
P. S. A.
Hennebont : depuis 1890.

108.   **GUINGAMP**, ex-**ESPIÈGLE**. — H. N.
Gr. 1882. — Finistère.
Par *Romeux*, P. S. A., et une 1/2 s. B., par Cheerly, 1/2 s. N.
(Lagopède, 1/2 s. N.)
Hennebont : depuis 1888.

109. GUYÉDER (approuvé). — M. de Rusunan.
Al. 1859. — Finistère.
Par *Grey-Shales*, 1/2 s. Norf., et une 1/2 s. B., par Anténor,
1/2 s. N.
Lamballe : 1863-1871.

110. GUYÉDER (approuvé). — M. de Rusunan.
Al. 1876. — Finistère.
Par *Gaspard*, 1/2 s. N. (Valencourt), et une 1/2 s. B.,
par Pretender, 1/2 s. Norf.
Lamballe : 1880-1883.

111. GUYÉDER (approuvé). — M. de Rusunan.
Al. 1876. — Finistère.
Par *Plouénan*, 1/2 s. B., et une 1/2 s. B., par Pretender,
1/2 s. Norf.
Lamballe : 1883-1884.

112. GYGÈS, ex-**BAJAZET II**. — H. N.
Al. 1884. — Finistère.
Par *Bajazet*, 1/2 s. N., et une 1/2 s. B., par Fancy-Boy,
1/2 s. A.
Hennebont : depuis 1888.

113. HALLALI, ex-**BON-ESPOIR**. — H. N.
Aub. 1885. — Finistère.
Par *The General*, 1/2 s. A., et une fille de Trottaway, 1/2 s. B.
Lamballe : depuis 1889.

114. HARDI (approuvé). — M. Lémée.
B. 1863. — Bretagne.
Par *Ursin*, 1/2 s. N., et une fille de Banicaël, 1/2 s. B.
Hennebont : 1867-1874.

115. HASTINGS. — M. de Rusunan.
F. P. 1863. — Finistère.
Par *John*, 1/2 s. Norf., et une jument venant des réformes militaires
Lamballe : 1868-1870.

116. HASTINGS. — M. de Rusunan.
Al. 1882. — Finistère.
Par *Guyéder*, 1/2 s. B., et *Mésange*, 1/2 s. B., par John,
1/2 s. Norf.
Sa grand'mère : Marianne, 1/2 s. B., par Géronte, 1/2 s. N.
Lamballe : 1885-1887.

117. HATTERAS, ex-**PHILOSOPHE**. — H. N.
Al. 1885. — Finistère.
Par *Sénégal* ou *Amasis*, 1/2 s. N., et une 1/2 s. B., par Soleil,
1/2 s. Carr.
Hennebont : depuis 1889.

118. HECTOR. — M. Leborgne.
Al. 1885. — Finistère.
Par *Fire-King*, 1/2 s. Norf., et *Joséphine*, 1/2 s. B., par
Lord-of-the-Manor, 1/2 s. Norf.
Sa grand'mère : Baille, 1/2 s. B., par Hermion, 1/2 s. N.
Sa bisaïeule : Delphine, 1/2 s. B., par Anténor, 1/2 s. N.
Lamballe : 1888.

119. HÉNANSAL, ex-**SALSES**. — H. N.
Al. 1885. — Finistère.
Par *Salses*, 1/2 s. N., et une fille d'Hermion, 1/2 s. B.
Sa grand'mère : fille d'Aubriot, 1/2 s. B.
Lamballe : 1889-1890.

120. HÉRISSON, ex-**ALGUE**. — H. N.
Al. 1884. — Finistère.
Par *Amasis* ou *Sénégal*, 1/2 s. N., et une 1/2 s. B., par Pretender,
1/2 s. Norf.
Hennebont : depuis 1889.

121. HERMÈS. — M. de Kusunan.
Al. 1868. — Finistère.
Par *Hermès*, 1/2 s. N., et *Bécasse*, jument bretonne, par Coco
(trait amélioré).
Sa grand'mère : Brunette, 1/2 s. B., par Grey-Shales, 1/2 s. Norf.
Lamballe : 1871-1879.

122. HERMION (approuvé). — M. Lejeune.
B. 1862. — Finistère.
Par *Hermion*, 1/2 s. N., et une jument bretonne.
Lamballe : 1866-1867.

123. HERMION (approuvé). — M. de Margeot.
B. 1865. — Côtes-du-Nord.
Par *Hermion II*, 1/2 s. B., et une jument bretonne.
Lamballe : 1869.

124. HERMION II.
M. Corre, 1858. — H. N., 1863. — M. de Margeot, 1864.
B. 1855. — Finistère.
Par *Hermion*, 1/2 s. N. (Paradox), et une 1/2 s. B , par Etendard,
1/2 s. N.
Lamballe : 1858-1877.

125. **HERMION II** (approuvé). — M. Mélinaire.
B. 1869. — Bretagne.
Hennebont : 1873-1875.

126. **HÉROS**. — M. Leborgne.
Al. 1886. — Finistère.
Par *Bataille*, 1/2 s. N., et *Rachel*, 1/2 s. B., par Neuilly, 1/2 s. N.
Sa grand'mère : Damie, 1/2 s. B., par Flibustier, 1/2 s. N.
Lamballe : 1889.

127. **HIDALGO, ex-TARQUIN**. — H. N.
Al. 1885. — Finistère.
Par *Salses*, 1/2 s. N., et *Toubenne*, par Urtin,
1/2 s. B.
Sa grand'mère : Jeannette, 1/2 s. B., par Ivary, 1/2 s. N.
Lamballe : 1889-1890.

128. **HORACE, ex-SALSES**. — H. N.
Al. 1885. — Finistère.
Par *Salses*, 1/2 s. N., et une jument bretonne.
Hennebont : depuis 1889.

129. **HORSE** (approuvé). — M. Gérard.
Al. 1884. — Bretagne.
Par *Old-Times*, 1/2 s. Norf., et une jument bretonne.
Hennebont : depuis 1888.

130. **HOSPODAR, ex-GRÉGOIRE**. — H. N.
B. 1885. — Finistère.
Par *Bataille*, 1/2 s. N., et *Pichonne*, 1/2 s. B., par Sénégal,
1/2 s. N.
Sa grand'mère : Mouche, 1/2 s. B., par François 1er, 1/2 s. N.
Lamballe : depuis 1889.

131. **HUELGOAT, ex-ROCHAMBEAU**. — H. N.
Bb. 1885. — Finistère.
Par *Rochambeau*, 1/2 s. N., et une 1/2 s. B., par Good-By,
1/2 s. Norf.
Hennebont : 1889-1890.

132. **HUNTER, ex-ATTILA**. — H. N.
Al. 1885. — Finistère.
Par *Bataille*, 1/2 s. N., et *Brune*, 1/2 s. B., par Fire-King,
1/2 s. Norf.
Sa grand'mère : 1/2 s. B., par Ingres, 1/2 s. N.
Lamballe : depuis 1889.

133. **HUSSEIN** (approuvé). — M. Le Gill.
Gr. 1863.
Hennebont : 1872-1873.

134. **IBRAHIM** (approuvé). — M. Lagain.
Gr. 1873. — Côtes-du-Nord.
Par *Ibrahim*, P. S. Ar., et une jument bretonne, par Lannion (trait).
Lamballe : 1877-1882.

135. **ILHAN**, ex-**HASTA-BUEN**. — H. N.
Ro. 1885. — Finistère.
Par *Weigton-Merry-Legs*, 1/2 s. Norf., ou *Corlay*, 1/2 s. B.,
et une 1/2 s. B., par Quiddany, 1/2 s. N.
Lamballe : depuis 1890.

136. **IMÉCOURT**, ex-**KEREVER**. — H. N.
B. 1886. — Finistère.
Par *Veneur*, 1/2 s. N., ou *Bataille*, 1/2 s. B., et une 1/2 s. B.,
par Dauphin, 1/2 s. N. (Lucain).
Hennebont : depuis 1890.

137. **IMPHY**, ex-**IVAN**, ex-**KÉRASSIGNOL**.
H. N.
Al. 1886. — Finistère.
Par *Alcala*, 1/2 s. N., et une 1/2 s. B., par Fire-Away, 1/2 s. Norf.
Hennebont : depuis 1890.

138. **INACHUS**. — H. N.
B. 1866. — Bretagne.
Par *Hermion*, 1/2 s. N., et une 1/2 s. B., par Inachus, 1/2 s. N.
Hennebont : 1872-1884.

139. **INACHUS**, ex-**IROQUOIS**. — H. N.
Bb. 1886. — Côtes-du-Nord.
Par *Corlay*, 1/2 s. B., et une 1/2 s. B., par Quiddany, 1/2 s. N.
Lamballe : depuis 1890.

140. **INGOUVILLE**, ex-**IRIS**, ex-**THE GENERAL**.
H. N.
Ro. 1886. — Finistère.
Par *Rémus*, 1/2 s. N., ou *The General*, 1/2 s. Norf., et une 1/2 s. B.,
par Pretender, 1/2 s. Norf.
Sa grand'mère : 1/2 s. B., par Baryton, 1/2 s. N.
Lamballe : depuis 1890.

141.　　　　　　**INO** (approuvé).
M. Guilliou, 1877. — M. Le Moing, 1890.
B. 1873. — Bretagne.
Par *Y. Volunter*, 1/2 s. Norf., et une 1/2 s. B., par John, 1/2 s. Norf.
Hennebont : 1877-1890.

142.　**INOV, ex-IGNOTUS, ex-KERGREOCH.**
H. N.
B. 1886. — Finistère.
Par *Chambois*, P. S. A., ou *Sénégal*, 1/2 s. N., et une jument
bretonne, par Pichegru (trait).
Lamballe : depuis 1890.

143.　　　　　　**ISIDORE** (approuvé).
M. Luyer, 1865. — M. Gauthier, 1866.
B. 1861. — Côtes-du-Nord.
Par *Isidore*, 1/2 s. N., et une jument bretonne.
Lamballe : 1865-1867.

144.　　　　　　**ISMAËL.** — H. N.
B. 1849. — Finistère.
Par *Ismaël*, P. S. A., et une jument bretonne.
Hennebont : 1853-1862.

145.　**ISOMÈS, ex-INTRÉPIDE, ex-DOLMAN.**
H. N.
B. 1886. — Finistère.
Par *Sénégal*, 1/2 s. N., et une fille de Quemencur ou Hermion,
1/2 s. B.
Hennebont : depuis 1890.

146.　　　　**ITAQUE** (approuvé). — M. Kermeïs.
B. 1886. — Finistère.
Par *Bassano*, 1/2 s. N., et *Fleurette*, 1/2 s. B., par Ino, 1/2 s. N.
Sa grand'mère : Laure, 1/2 s. B., par Ing es, 1/2 s. N.
Lamballe : depuis 1890.

147.　　**ITYS, ex-HORTENSIA, ex-COSAQUE.**
H. N.
Al. 1885. — Finistère.
Par *Armoricain*, 1/2 s. B., et une jument bretonne.
Lamballe : depuis 1890.

148.　　**IVERNY, ex-ÉPI-D'OR.** — H. N.
Al. 1885. — Côtes-du-Nord.
Par *Paradox*, P. S. A., et une jument bretonne.
Hennebont : depuis 1890.

149. **IZEAUX**, ex-**IOTA**. — H. N.
Al. 1886. — Côtes-du-Nord.
Par *Voltaire*, 1/2 s. B. (Corlay), et *Havanaise*, 1/2 s. B.
Lamballe : depuis 1890.

150. **JACOB**. — H. N.
Aub. 1887. — Finistère.
Par *Amasis*, 1/2 s. N., et une 1/2 s. B., par Rémus, 1/2 s. N.
Lamballe : depuis 1890.

151. **JACQUES** (approuvé). — M. Le Han.
B. 1881. — Finistère.
Par *Patriote*, P. S. A., et une 1/2 s. B., par Hérodote, 1/2 s. N.
Sa grand'mère : fille de Vingt-Mars.
Lamballe : 1885-1890.

152. **JANINA**. — H. N.
Al. 1887. — Finistère.
Par *Bataille*, 1/2 s. N., et une 1/2 s. B., par Fire-King, 1/2 s. Norf.
Lamballe : depuis 1890.

153. **JARNAC**, ex-**FRANC-LURON**. — H. N.
Aub. 1887. — Finistère.
Par *The General*, 1/2 s. Norf., et une 1/2 s. B., par Veneur, 1/2 s. N.
Lamballe : depuis 1890.

154. **JOHN** (approuvé). — M. Cabic.
B. 1866. — Finistère.
Par *John*, 1/2 s. Norf., et une jument bretonne.
Lamballe : 1870-1871.

155. **JOHN** (approuvé). — M. Cabic.
B. 1887. — Finistère.
Par *Vétéran*, 1/2 s. N., et *Brillantine*, 1/2 s. B., par Sénégal, 1/2 s. N.
Sa grand'mère : 1/2 s. B., par Dauphin, 1/2 s. N.
Lamballe : depuis 1890.

156. **JOHN-TROTTAWAY** (approuvé). — M. Leborgne.
B. 1884. — Bretagne.
Par *Trottaway*, 1/2 s. B., et une 1/2 s. B., par Dauphin, 1/2 s. N.
Lamballe : 1888 (Besançon en 1889).

157. **JONGLEUR**, ex-**HÉROS**. — H. N.
Ro. 1873. — Finistère.
Par *Kerdiaoul*, 1/2 s. B., et une fille d'Hermion, 1/2 s. B.
Hennebont : depuis 1882.

158. **JUILLET**. — H. N.
B. 1887. — Finistère.
Par *Sénégal*, 1/2 s. N., et une 1/2 s. B., par Amadis, 1/2 s. N.
Hennebont : depuis 1891.

159. **JUJUBE**, ex-**ARTISTE**. — H. N.
B. 1887. — Finistère.
Par *Rémus*, ou *Sénégal*, 1/2 s. N., et une 1/2 s. B.,
par Soleil, 1/2 s. Carr.
Hennebont : depuis 1891.

160. **KARNAC**. — H. N.
Gr. 1859. — Côtes-du-Nord.
Par *Saklavi-Djédran*, P. S. Ar., et une 1/2 s. B.
Lamballe : 1870-1874.

161. **KEMPER**. — H. N.
Al. 1866. — Finistère.
Par *Anténor*, 1/2 s. B., et une 1/2 s. B., par Rimini, 1/2 s. N.
Hennebont : 1870-1874.

162. **KERDEHORET**. — M. Corre.
Al. 1875. — Côtes-du-Nord.
Par *Beauvais*, P. S. A., et une 1/2 s. B., par Gouvieux, P. S. A.
Lamballe : 1878.

163. **KERCOMPEZ**. — H. N.
Al. 1864. — Finistère.
Par *Dauphin*, 1/2 s. N., et une 1/2 s. B., par Kerfloch, 1/2 s. N.
Lamballe : 1868-1879.

164. **KERDIAOUL**. — H. N.
B. 1865. — Finistère.
Par *Bélus*, 1/2 s. N., et une 1/2 s. B., par Prince-Caradoc, P. S. A.
Lamballe : 1870-1879.

165. **KÉRESPONT** (approuvé). — M. du Rusquec.
Al. 1876. — Finistère.
Par *Dauphin*, 1/2 s. N. et une 1/2 s. B., par Bélus, 1/2 s. N.
Lamballe : 1880-1882.

166. **KERGUIDUFF**. — M. de Rusunan.
Aub. 1878. — Finistère.
Par *Rustique*, 1/2 s. B., et *Aglaë*, 1/2 s. B., par Dauphin, 1/2 s. N.
Sa grand'mère : 1/2 s. B., par Ivary, 1/2 s. N.
Lamballe : 1881-1889.

167.   **KERJEAN** (approuvé). — M. Pouliquen.
Al. 1873. — Finistère.
Par *Y. Volunter*, 1/2 s. A., et une 1/2 s. B., par Dauphin, 1/2 s. N.
Lamballe : 1877.

168.   **KERJEAN** (approuvé). — M. Mélinaire.
Al. 1877. — Bretagne.
Par *L'Ami*, 1/2 s., et une 1/2 s. B.
Hennebont : depuis 1881.

169.   **KERJEAN** (approuvé). — M. Lejeune.
Al. 1881. — Finistère.
Par *Fire-King*, 1/2 Norf., et une 1/2 s. B., par Pretender,
1/2 s. Norf.
Lamballe : 1885-1886.

170.   **KERLABRÈ** (approuvé).
M. Cadiou, 1876 ; M. Le Nir, 1879.
B. 1872. — Finistère.
Par *Cheerly*, 1/2 s. N., et une 1/2 s. B., par Wildfire, 1/2 s. A.
Lamballe : 1876-1878. — Hennebont : 1879-1890.

171.   **KERLAMBAL**. — H. N.
B. 1866. — Côtes-du-Nord.
Par *Aubriot*, 1/2 s. B., et une 1/2 s. B., par Bucéphale, 1/2 s. Carr.
(Jaggar).
Lamballe : 1870-1879 (Pompadour en 1880).

172.   **KERLAN** (approuvé). — M. du Rusquec.
B. 1873. — Bretagne.
Par *Hermès*, 1/2 s. N., et une jument bretonne.
Lamballe : 1877-1878. — (H. N. en 1879.)

173.   **KERLENNOC** (approuvé).
M. Lejeune, 1878 ; H. N. 1880.
B. 1873. — Finistère.
Par *Flying-Cloud*, 1/2 s. A., et une jument bretonne, par Coco
(trait amélioré).
Lamballe : 1878-1890.

174.   **KERMAD**. — H. N.
B. 1865. — Finistère.
Par *Serenader*, 1/2 s. Norf., et une 1/2 s. B., par Hero, 1/2 s. Norf.
Lamballe : 1870-1880.

175.   **KERMORUS**. — H. N.
Al. 1877. — Finistère.
Par *Dauphin*, 1/2 s. N., et une 1/2 s. B., par Flying-Cloud, 1/2 s. A.
Lamballe : 1881-1887.

176. **KERNÉGUÈS** (approuvé). — M. Quentric.
Al. 1879. — Finistère.
Par *Anténor*, 1/2 s. B., et une jument bretonne.
Lamballe : 1878-1881.

177. **KÉROUNP** (approuvé). — M. Quéméneur.
Al. 1873. — Finistère.
Par un fils d'Hermion, 1/2 s. B., et une fille de Primat, 1/2 s.
Lamballe : 1877-1882.

178. **KÉROUZÉRÉ** (approuvé). — M. du Rusquec.
Al. 1875. — Finistère.
Par *Windham*, P. S. A., et une 1/2 s. B., par Bijou, 1/2 s. N.
Lamballe : 1875-1882.

179. **KERSAINT** (approuvé).
MM. Traon, 1877 ; Tilly, 1878.
Al. 1873. — Finistère.
Par *Dauphin*, 1/2 s. N., et une jument bretonne.
Lamballe : 1877-1882.

180. **KERSAUTON.** — H. N.
Gr. 1866. — Finistère.
Par *Alonzo-the-Brave*, 1/2 s. Norf., et une 1/2 s. B., par Neptune,
1/2 s. B.
Hennebont : 1869-1874.

181. **KERSTRAT** (approuvé). — M. Jacob.
B. 1876. — Bretagne.
Par *Valentino*, P. S. A., et une jument bretonne.
Lamballe : 1880.

182. **KÉRUSCAR.** — H. N.
Al. 1865. — Finistère.
Par *Féréol*, 1/2 s. N., et une jument bretonne.
Lamballe : 1862-1884.

183. **KERVINGAN** (approuvé). — M. Caill.
B. 1874. — Finistère.
Par *Windham*, P. S A., et une 1/2 s. B., par Ino, 1/2 s. N.
Sa grand'mère ; 1/2 s. B., par Alonzo-the-Brave, 1/2 s. Norf.
Lamballe : 1878-1890.

184. **L'AMI** (approuvé). — M. Betton.
B. 1878. — Bretagne.
Par *Blavet*, 1/2 s., et une jument bretonne.
Hennebont : 1882-1883.

185.   **LANNILIS** (approuvé).
M. Corre, 1868 ; H. N., 1869.
B. 1863. — Finistère.
Par *Croque-en-Bouche*, P. S. A., et une jument provenant des
réformes militaires.
Lamballe : 1868-1879.

186.   **LANORGUER** (approuvé). — M. Lejeune.
B. 1873. — Finistère.
Par *Ino*, 1/2 s. N., et une fille d'Anténor, 1/2 s. B.
Lamballe : 1877-1890.

187.   **LESNEVEN**. — H. N.
B. 1868. — Finistère.
Par *Aubriot*, 1/2 s. B., et une jument bretonne.
Lamballe : 1872-1881.

188.   **LESNEVEN**. — H. N.
Al. 1881. — Bretagne.
Par *Lesneven*. 1/2 s. B., ou *Suffren*, 1/2 s. N., et *Bleue*, 1/2 s. B.,
par Hermion, 1/2 s. N.
Lamballe : depuis 1885.

189.   **LIEUTENANT** (approuvé). — M. Goaoc.
B. 1878. — Finistère.
Par *Windham*, P. S. A., et une 1/2 s. B., par Neuilly, 1/2 s. N.
Sa grand'mère : 1/2 s. B., par Dauphin, 1/2 s. N.
Lamballe : 1882-1886.

190.   **LORD-HERO** (approuvé). — M. Caill.
Al. 1876. — Finistère.
Par *Lord-of-the-Manor*, 1/2 s. Norf., et une 1/2 s. B., par Hero-
Norfolk, 1/2 s. Norf.
Sa grand'mère : 1/2 s. B., par Grey-Shales, 1/2 s. Norf.
Lamballe : depuis 1879.

191.   **LOUIS** (approuvé). — M. Troadec.
Al. 1875. — Finistère.
Par *Lord-of-the-Manor*, 1/2 s. Norf., et une 1/2 s. B.,
par Hero-Norfolk, 1/2 s. Norf.
Sa grand'mère : 1/2 s. B., fille de Grey-Shales, 1/2 s. Norf.
Lamballe : 1880-1889.

192.   **LUQUENT** (approuvé). — M. Créach
N. 1876. — Finistère.
Par *Ingres*. 1/2 s. N., et une 1/2 s. B., par Bélus, 1/2 s. N.
Lamballe : 1880.

193.   **LUTHER** (approuvé). — M. Ollivier.
B. 1865. — Finistère.
Par *Bélus*, 1/2 s. N., et une jument bretonne.
Lamballe : 1869. — (H. N. en 1870.)

194.   **MADÈRE** (approuvé). — M. Forget.
Bb. 1875. — Bretagne.
Par *Écolier*, 1/2 s. N., et une 1/2 s. B., par Violent.
Hennebont : 1879-1883.

195.   **MAJOR** (approuvé).
M. Morvan, 1880. — M. Robelet, 1881.
B. 1875. — Finistère.
Par *Cawas*, P. S. Ar., et une fille d'Aubriot, 1/2 s. B.
Lamballe : 1880-1885.

196.   **MALPLAQUET**. — H. N.
Gr. 1846. — Finistère.
Par *Anténor*, 1/2 s. N., et une jument bretonne.
Langonnet : 1853-18..

197.   **MALICIEUX**. — H. N.
B. 1878. — Finistère.
Par *Neuilly*, 1/2 s. N., et une 1/2 s. B.
Sa grand'mère : fille de Bijou, 1/2 s. N.
Lamballe : depuis 1882.

198.   **MARVILLE** (approuvé). — M. Forget.
B. 1883. — Bretagne.
Par *Francœur*, 1/2 s. B., et une 1/2 s. B., par Royal-Fort, P. S. A.
Hennebont : depuis 1887.

199.   **MARQUIS** (approuvé). — M. Guillaume.
N. 1876.
Hennebont : 1880-1881.

200.   **MATADOR** (approuvé). — M. Guillem.
B. 1869. — Bretagne.
Par *Flying-Cloud*, 1/2 s. Norf., et une 1/2 s. B.
Hennebont : depuis 1876.

201.   **MÉRIADEC**. — M. de Rusuman.
Gr. 1859. — Finistère.
Par *Anténor*, 1/2 s. N., et une 1/2 s. B. par Grey-Shales, 1/2 s. Norf.
Sa grand'mère : 1/2 s. B., par Géronte; 1/2 s. N.
Lamballe : 1863-1871.

202.   **MÉRIADEC**. — M. de Rusunan.
Al. 1879. — Finistère.
Par *Plouënan*, 1/2 s. B., et une 1/2 s. B., par *John-Norfolk*,
1/2 s. Norf.
Lamballe : 1882-1883. — (H. N. en 1883.)

203.   **MÉRIDIEN**, ex-**LANCASTRE**. — H. N.
B. 1878. — Finistère.
Par *Y. Trottaway*, 1/2 s. Norf., et une 1/2 s. B., par Dauphin,
1/2 s. N.
Sa grand'mère : 1/2 s. B., par Grey-Shales, 1/2 s. Norf.
Hennebont : 1882.

204.   **MOBLOT**. — H. N.
Aub. 1876. — Finistère.
Par *Neuilly*, 1/2 s. N., et une 1/2 s. B., par Flying-Cloud,
1/2 s. Norf., ou Raymond.
Hennebont : 1880-1882.

205.   **MOGGY** (approuvé). — M. Gauthier.
Gr. 1849.
Lamballe : 1859.

206.   **MOLIÈRE** (approuvé). — M. Madec.
B. 1885. — Bretagne.
Par *Fire-King*, 1/2 s. Norf., ou *Bataille*, 1/2 s. N., et une
1/2 s. B., par Pretender, 1/2 s. Norf.
Hennebont : depuis 1889.

207.   **MONTAIN**. — H. N.
Al. 1877. — Finistère.
Par *Fire-King*, 1/2 s. Norf., et une jument bretonne, par Caliste
(trait).
Lamballe : 1881-1887.

208.   **MOROCK**. — M. de Rusunan.
B. 1857. — Finistère.
Par *Gobillard*, 1/2 s. N., et une 1/2 s. B., par Lieutenant,
P. S. A.
Sa grand'mère : 1/2 s. B., par Anténor, 1/2 s. N..
Lamballe : 1860-1873.

209.   **MOUSSE**. — H. N.
Bb. 1868. — Finistère.
Par *Vulpin*, 1/2 s. N., et *Marceline*, 1/2 s. B.
Hennebont : 1871-1876.

210. **MOUTON** (approuvé).
M. Le Roux, 1876. — M. Sanceau, 1888.
Al. 1879. — Bretagne.
Par *Le Gros*, 1/2 s. B., et une 1/2 s. B.
Hennebont : 1876-1890.

211. **NATCHEZ**, ex-**NEUILLY**. — H. N.
Al. 1877. — Finistère.
Par *Neuilly*, 1/2 s. N., et une 1/2 s. B., par Flying-Cloud,
1/2 s. Norf.
Lamballe : 1881-1885.

212. **NÉGRO**. — H. N.
N. 1867. — Finistère.
Par *Boxeur*, 1/2 s. N., et une 1/2 s. B.
Hennebont : 1873

213. **NÉGRO** (approuvé). — M. Brunet.
N. 1873. — Bretagne.
Hennebont : 1877.

214. **NEPTUNE** (approuvé). — M. Corre.
Gr. 1857. — Finistère.
Par *Neptune*, 1/2 s. B., et une jument bretonne.
Lamballe : 1861-1866.

215. **NÉRON** (approuvé). — M. Lémée.
Bb. 1868. — Bretagne.
Par *Usuel*, 1/2 s. N., et une 1/2 s. B.
Hennebont : 1873-1885.

216. **NESSUS**. — H. N.
B. 1867. — Finistère.
Par *Lieutenant*, 1/2 s. B., et une 1/2 s. B.
Hennebont : 1873-1876.

217. **NEUILLY**. — H. N.
Al. 1877. — Finistère.
Par *Neuilly*, 1/2 s. N., et une 1/2 s. B., par Flying-Cloud,
1/2 s. Norf.
Hennebont : 1881.

218. **NEUILLY III** (approuvé). — M. Quentric.
Al. 1877. — Finistère.
Par *Neuilly*, 1/2 s. N., etune 1/2 s. B., par Hermion, 1/2 s. N.
Lamballe : 1881.

219.   **NORMAND** (approuvé). — M. Rouxel.
Al. 1860. — Bretagne.
Hennebont : 1867-1869.

220.   **ODIN** (approuvé). — M. Léméc.
B. 1870. — Bretagne.
Par *Héliotrope*, 1/2 s. N., et Reine-des-Prés, 1/2 s. N.
Hennebont : 1875-1885.

221.   **OMAR**. — H. N.
Gr. 1870. — Finistère.
Par *Pretender*, 1/2 s. A., et *Caton*, jument bretonne, par Abel (trait).
Lamballe : 1874-1882.

222.   **ORGON**. — H. N.
Gr. 1850. — Finistère.
Par *Pourceaugnac*, P. S. A., et une 1/2 s. B.
Hennebont : 1857-1860. — Lamballe : 1860.

223.   **PANURGE** (approuvé). — M. Leroux.
Al. 1871. — Finistère.
Lamballe : 1875.

224.   **PARADOXE** (approuvé). — M. Madec.
Al. 1883. — Bretagne.
Par *Paradoxe*, P. S. A., et une fille d'Hermion, 1/2 s. B.
Hennebont : 1887-1890.

225.   **PATRIOTE** (approuvé). — M. Le Nir.
B. 1884. — Bretagne.
Par *Patriote*, P. S. A., et une 1/2 s. B.
Hennebont : depuis 1888.

226.   **PÊCHARD** (approuvé). — M. Le Nir.
Al. 1876. — Bretagne.
Par *Emeutier*, 1/2 s. N., et une 1/2 s. B.
Hennebont : 1880-1887.

227.   **PÊCHARD**. — M. Troadec.
Ro. 1883. — Finistère.
Par *Great-Gun*, 1/2 s. Norf., et une jument bretonne, par Miroton
(trait).
Sa grand'mère : 1/2 s. B., par Enée, 1/2 s. N.
Lamballe : 1887-1888.

228.   **PÉGASE** (approuvé). — M. Caill.
Gr. 1857. — Finistère.
Par *Antinor*, 1/2 s. N., et une 1/2 s. B., par Géronte, 1/2 s. N.
Lamballe : 1861-1870.

229.   **PENBAS**, ex-**RABOT**. — H. N.
B. 1879. — Finistère.
Par *Fire-King*, 1/2 s. A., ou *Sénégal*, 1/2 s. N., et une 1/2 s. B.,
par Entrain, 1/2 s. N.
Lamballe : depuis 1883.

230.   **PERUZZI** (approuvé). — M. Le Moal.
Gr. 1861. — Bretagne.
Par *Peruzzi*, 1/2 s., et une 1/2 s. B.
Hennebont : 1867-1868.

231.   **PETIT**. — M. Quillou.
B. 1866. — Finistère.
Par *Alonzo-the-Brave*, 1/2 s. Norf., et une 1/2 s. B.
Hennebont : 1870-1875.

232.   **PEUT-ÊTRE** (approuvé). — M. Stears.
Gr. 1873. — Finistère.
Par *Hermès*, 1/2 s. N., et une jument bretonne.
Lamballe : 1878-1879.

233.   **PICARD**. — H. N.
Al. 1879. — Finistère.
Par *Ingres*, 1/2 s. N., et une 1/2 s. B.
Hennebont : 1884.

234.   **PLAZING-STAR** (approuvé). — M. Legall.
Bb. 1869. — Finistère.
Lamballe : 1875.

235.   **PLOUËNAN** (approuvé). — M. de Rusunan.
Al. 1873. — Finistère.
Par *Pretender*, 1/2 s. Norf., et une 1/2 s. B., par John, 1/2 s. Norf.
Lamballe : 1876-1887.

236.   **PLOUNÉVEZ** (approuvé). — M. Créach.
Al. 1875. — Finistère.
Par *Ingres*, 1/2 s. N., et une 1/2 s. B., par John, 1/2 s. Norf.
Lamballe : 1879-1882.

237. **PLOURIN** (approuvé). — M. Quémeneur.
Al. 1871. — Finistère.
Par *Anténor*, 1/2 s. B., et une jument bretonne.
Lamballe : 1878.

238. **PLUTON**. — H. N.
Al. 1871. — Finistère.
Par *Pretender*, 1/2 s. Norf., et une 1/2 s. B., par John, 1/2 s. Norf.
Lamballe : 1875.

239. **POLKEUR**. — H. N.
Bb. 1870. — Finistère.
Par *Gouvieux*, P. S. A., et *Espérance*, 1/2 s. B., par Bacchus,
1/2 s. N.
Hennebont : 1874-1875.

240. **POLYDOR**. — H. N.
Al. 1871. — Finistère.
Par *Pretender*, 1/2 s. Norf., et une jument bretonne, par Coco.
(trait amélioré).
Hennebont : 1875-1880.

241. **POLYEUCTE**. — H. N.
B. 1871. — Finistère.
Par *Anténor*, 1/2 s. B., et *Comédie*, 1/2 s. (venant des réformes
militaires).
Hennebont : 1875.

242. **POLYEUCTE**, ex-**NESTOR**. — H. N.
Al. 1878. — Finistère.
Par *Neuilly*, 1/2 s. N., et une fille de Kerdiaoul, 1/2 s. B.
Lamballe : 1882-1884.

243. **PRIMO**. — H. N.
Al. 1881. — Finistère.
Par *Suffren*. 1/2 s. N., et *Brune*, 1/2 s. B., par Lord-of-the-Manor,
1/2 s. Norf.
Hennebont : depuis 1884.

244. **PRINTEMPS**. — H. N.
Al. 1881. — Finistère.
Par *Fire-King*, 1/2 s. Norf., et *Lucie*, 1/2 s. B., par Kawas,
P. S. Ar.
Lamballe : 1885-1886.

245.   **PROVISOIRE**. — H. N.
Al. 1870. — Finistère.
Par *Norfolk-Star*, 1/2 s. Norf., et une 1/2 s. B.,
par Alonzo-the-Brave, 1/2 s. Norf.
Hennebont : 1874-1878.

246.   **PUNCH**. — H. N.
B. 1860. — Morbihan.
Par *Croque-en-Bouche*, P. S. A., et une jument de la Hague.
Hennebont : 1863-1865.

247.   **PUNCH** (approuvé). — M. Caill.
Bb. 1861. — Finistère.
Par *Punch*, P. S. A., et une 1/2 s.
Lamballe : 1866.

248.   **PYLATE**. — H. N.
B. 1871. — Finistère.
Par *Yorkshire-Telegraph-Norfolk*, 1/2 s. Norf., et une 1/2 s. B.,
par John, 1/2 s. Norf.
Hennebont : 1875-1878.

249.   **QUÉMÉNEUR**. — H. N.
Al. 1873. — Finistère.
Par *Pretender*, 1/2 s. Norf., et une jument bretonne.
Lamballe : 1876-1881.

250.   **QUÉRÉ**. — H. N.
Gr. 1873. — Finistère.
Par *Thomas-Morus*, 1/2 s. B., et une fille de Neptune, 1/2 s. B.
Hennebont : 1876-1889.

251.   **QUÉVEN**. — H. N.
B. 1872. — Finistère.
Par *Ivary*, 1/2 s. N., et une 1/2 s. B., par Bélus, 1/2 s. N.
Hennebont : 1876-1881.

252.   **QUERSTA**. — H. N.
Ro. 1872. — Finistère.
Par *Aubriot*, 1/2 s. B., et une 1/2 s. B., par Hermion, 1/2 s. N.
Hennebont : 1876-1877.

253.   **QUIBERON**. — H. N.
B. 1872. — Finistère.
Par *Dauphin*, 1/2 s. N., et une fille de John, 1/2 s. B.
Lamballe : depuis 1876.

254.   **QUICK-SYLVER**. — H. N.
Al. 1876. — Finistère.
Par *Quick-Sylver*, 1/2 s. Norf., et une fille de Kermad,
1/2 s. B.
Hennebont : depuis 1880.

255.   **QUIMPER** (approuvé). — M. Chapalain.
B. 1873. — Bretagne.
Par *Quimper*, 1/2 s., et une jument bretonne.
Hennebont : 1878-1880.

256.   **RABELAIS** (approuvé).
MM. Leroux, 1877; du Rusquec, 1878; Blandeau, 1879.
B. 1873. — Finistère.
Par *Ino*, 1/2 s. N., et une 1/2 s. B.
Lamballe : 1877-1878. — Hennebont : 1878-1888.

257.   **RAGEUR**. — H. N.
Al. 1873. — Finistère.
Par *Hermion*, 1/2 s. B., et une 1/2 s. B., par Comet, 1/2 s. A.
Lamballe : 1877-1878.

258.   **RAMONEUR**. — H. N.
Al. 1873. — Finistère.
Par *Windham*, 1/2 s. B., et une 1/2 s. B., par Soleil, 1/2 s. Carr.
Hennebont : 1877-1888.

259.   **RAOUL**. — H. N.
Aub. 1873. — Finistère.
Par *Aubriot*, 1/2 s. B., et une 1/2 s. B., par Bucéphale,
1/2 s. Carr. (Jaggar).
Hennebont : 1877-1886.

260.   **RAOUL**. — M. Troadec.
B. 1879. — Finistère.
Par *Page*, 1/2 s. N., et une 1/2 s. B., par Jarnidieu, 1/2 s. N.
Lamballe : 1882-1883.

261.   **RAPIDE** (approuvé). — M. Fauvel.
B. 1877. — Bretagne.
Par *Orme*, 1/2 s. N., et *Guinde* (sans origine connue).
Hennebont : depuis 1889.

262.   **RASPAIL** (approuvé). — M. Forget.
N. 1864. — Bretagne.
Hennebont : 1868-1870.

263. **RÉBUS** (approuvé). — M. Guillerm.
B. 1876. — Finistère.
Par *Fire-King*, 1/2 s. Norf., et une fille d'Hermion, 1/2 s. B.
Lamballe : 1880-1890.

264. **RECTOR**. — H. N.
B. 1872. — Finistère.
Par *Hermès*, 1/2 s. B., et une jument bretonne, par Ventre-Saint-
Gris (trait).
Lamballe : 1877-1880.

265. **RENFORT**, ex-**RUSTIQUE**. — H. N.
Gr. 1873. — Finistère.
Par *Fire-King*, 1/2, s. Norf., et une 1/2 s. B., par Y. Black-Shales,
1/2 s. Norf.
Lamballe : 1877-1885.

266. **RICHARD**. — M. Le Gall.
B. 1868. — Bretagne.
Par *Alonzo-the-Brave*, 1/2 s. Norf, et une jument bretonne.
Hennebont : 1872-1874.

267. **RICHARD**. — M. Le Nir.
Al. 1881. — Bretagne.
Par *Sir Richard*, 1/2 s. A., et une fille de Quimper, 1/2 s. B.
Hennebont : 1885-1886.

268. **RICHELIEU**. — H. N.
Al. 1872. — Finistère.
Par *Ino*, 1/2 s. N., et une 1/2 s. B., par Grey-Shales, 1/2 s. Norf.
Hennebont : 1877-1879.

269. **RIGOLO**. — M. Ménez.
Al. 1865. — Finistère.
Par *Alonzo-the-Brave*, 1/2 s. Norf., et une 1/2 s. B.
Hennebont : 1869-1873.

270. **RIMINI** (approuvé). — M. du Rusquec.
Gr. 1870. — Finistère.
Par *Gris-Gris*, 1/2 s. N., et une jument bretonne.
Lamballe : 1874-1875.

271. **ROBIN**. — H. N.
Gr. 1873. — Finistère.
Par *Flying-Cloud*, 1/2 s. Norf., et une 1/2 s. B., par Comet,
1/2 s. A.
Lamballe : 1877-1884.

272. **ROBY** (approuvé). — M. Le Nir.
Al. 1875. — Bretagne.
Par *Emeutier*, 1/2 s. N., et une 1/2 s. B.
Hennebont : depuis 1879.

273. **ROITELET** (approuvé). — M. Le Borgne.
Al. 1885. — Finistère.
Par *Fire-King*, 1/2 s. Norf., et *Bidolle*, 1/2 s. B., par Page,
1/2 s. N.
Sa grand'mère : Guelle, 1/2 s. B., par Anténor, 1/2 s. N.
Sa bisaïeule : Rachel, 1/2 s. B., par Grey-Shales, 1/2 s. Norf.
Lamballe : depuis 1889.

274. **ROMARIN**. — H. N.
B. 1873. — Finistère.
Par *Kermad*, 1/2 s. B., et une fille de Lannilis, 1/2 s. B.
Hennebont : 1877-1887.

275. **ROMEUX**. — M. Le Nir.
Al. 1881. — Finistère.
Par *Romeux*, P. S. A., et une 1/2 s. B., par Cheerly, 1/2 s. N.
Hennebont : 1885-1886.

276. **ROMEUX II** (approuvé). — M. Mélinaire.
Bb. 1868. — Bretagne.
Par *Romeux*, P. S. A., et une 1/2 s. B.
Hennebont : 1872-1879.

277. **ROSEAU, ex-RÉBUS**. — H. N.
Al. 1877. — Finistère.
Par *Windham*, P. S. A., et une 1/2 s. B., par Dauphin, 1/2 s. N.
Lamballe : depuis 1881.

278 **ROSIER**. — H. N.
Al. 1883. — Finistère.
Par *Amasis* ou *Ingres*, 1/2 s. N., et *Biche*, par Quimper,
1/2 s. B.
Sa grand'mère : Toinette, 1/2 s. B., par Dauphin, 1/2 s. N.
Lamballe : depuis 1887.

279. **RUMINE** (approuvé). — M. Le Guen.
Al. 1885. — Bretagne.
Par *Charlot*, 1/2 s. B., et une fille d'Inachus, 1/2 s. B.
Hennebont : depuis 1889.

29

280.   **RUSTIQUE** (approuvé). — M. de Rusunan.
Al. 1873. — Finistère.
Par *Dauphin*, 1/2 s. N., et *Gazelle*, par Coco (trait amélioré).
Sa grand'mère : Stella. 1/2 s. B., par Grey-Shales, 1/2 s. Norf.
Lamballe : 1877-1889.

281.   **SAINT-AARON.** — H. N.
Gr. 1874. — Côtes-du-Nord.
Par *Liban*, P. S. Ar., et une jument bretonne.
Lamballe : 1878-1881.

282.   **SALPÊTRE** (approuvé). — M. Cail.
Gr. 1874. — Finistère.
Par *Fire-King*, 1/2 s. Norf., et une jument bretonne,
petite-fille de Norfolk-Hero, 1/2 s. Norf.
Lamballe : depuis 1878.

283.   **SAO-ÉOL.** — H. N.
Al. 1874. — Finistère.
Par *Dauphin*, 1/2 s. N., et une 1/2 s. B., par Owerton-Junior,
1/2 s. A.
Lamballe : 1878-1880.

284.   **SAÜL.** — H. N.
Al. 1874. — Finistère.
Par *Volunteer*, 1/2 s. A., et une 1/2 s. B., par John, 1/2 s. Norf.
Lamballe : depuis 1878.

285.   **SCAËR.** — H. N.
Gr. 1877. — Finistère.
Par *Liban*, P. S. Ar., et une fille de Boursault (trait).
Hennebont : 1878-1881.

286.   **SEINS.** — H. N.
B. 1874. — Finistère.
Par *Windham*, P. S. A., et une 1/2 s. B., par François Ier,
1/2 s. N. (Xerxès).
Hennebont : depuis 1878.

287.   **SÉLIM** (approuvé). — M. Morand.
Gr. 1853.
Lamballe : 1857.

288.   **SÉRIGNAC.** — H. N.
Al. 1874. — Finistère.
Par *Dauphin*, 1/2 s. N., et une 1/2 s. B., par Arc-en-Ciel, P. S. A.
Hennebont : 1878-1880.

289. **SERVITEUR** (approuvé). — M. Le Noble.
B. 1882. — Bretagne.
Par *Serviteur*, 1/2 s. N., et une jument bretonne.
Hennebont : depuis 1888.

290. **SIBIRIL.** — H. N.
Aub. 1874. — Finistère.
Par *Neuilly*, 1/2 s. N., et une 1/2 s. B., par Hermion, 1/2 s. N.
Lamballe : 1878-1882.

291. **SIZUN.** — H. N.
B. 1874. — Finistère.
Par *Fire-King*, 1/2 s. Norf., et une 1/2 s. B., par Grey-Shales,
1/2 s. Norf.
Lamballe : 1878-1885.

292. **SOLIDE** (approuvé).
M. Lemée, 1874 ; M. Surcouf, 1887.
B. 1869.
Hennebont : 1874-1890.

293. **SOLIDE** (approuvé). — M. Gobé ; M. Sauvager.
N. 1874. — Bretagne.
Par *Lodi*, 1/2 s. N., et une 1/2 s. B.
Hennebont : 1878-1885.

294. **SPEZET.** — H. N.
Bb. 1874. — Finistère.
Par *Fire-King*, 1/2 s. Norf., et une 1/2 s. B., par Pretender,
1/2 s. Norf.
Hennebont : 1878-1888.

295. **STAR** (approuvé). — M. Le Page ; M. Allain.
Al. 1875. — Côtes-du-Nord.
Par *Kercompez*, 1/2 s. B., et une jument bretonne.
Lamballe : 1879-1882.

296. **SULTAN** (approuvé). — M. Sevoy.
B. 1876. — Côtes-du-Nord.
Par *Tourayazi*, P. S. Ar., et une petite-fille de Thomas, 1/2 s. B.
Lamballe : 1880-1883.

297. **SYLVAIN.** — H. N.
N. 1881. — Finistère.
Par *Sylvain*, 1/2 s. N., et une 1/2 s. B., par Pretender, 1/2 s. Norf.
Hennebont : depuis 1885

298. **TALLÉGAS.** — H. N.
Al. 1876. — Finistère.
Par *Fire-King*, 1/2 s. Norf., et *Or*, 1/2 s. B., par Pretender, 1/2 s. Norf.
Lamballe : 1880-1889.

299. **TALL-GUEN**, ex-**COCO.** — H. N.
B. 1875. — Finistère.
Par *Flyind-Cloud*, 1/2 s. A., et une 1/2 s. B., par Dauphin, 1/2 s. N.
Lamballe : depuis 1879.

300. **TAMBOUR** (approuvé). — M. Mélan.
Al. 1875. — Bretagne.
Par *Cheerly*, 1/2 s. N., et une jument bretonne.
Hennebont : depuis 1879.

301. **TAULÉ.** — H. N.
Al. 1875. — Finistère.
Par *Ingres*, 1/2 s. N., et une jument bretonne,
petite-fille de Lieutenant, P. S. A.
Lamballe : 1879-1885.

302. **TAUPIN**, ex-**BLAVEZ.** — H. N.
N. 1875. — Finistère.
Par *Beauvais*, P. S. A., et une 1/2 s. B., par Flibustier, 1/2 s. N.
Hennebont : 1879-1885.

303. **TCHAD**, ex-**THOMAS.** — H. N.
Al. 1877. — Finistère.
Par *Brillant*, 1/2 s. B., et une jument bretonne.
Hennebont : 1881-1889.

304. **TÉLÉGRAPHE** (approuvé). — M. Le Nir.
B. 1874. — Bretagne.
Par *Hussein*, 1/2 s. N., et une fille de Reschid, 1/2 s. L.
Hennebont : 1878-1882.

305. **TÉLÉPHONE**, ex-**TÉLÉGRAPHE.** — H. N.
Al. 1875. — Finistère.
Par *Yorkshire-Telegraph*, 1/2 s. Norf., et une 1/2 s. B.,
par Hermion, 1/2 s. N.
Hennebont : 1879-1884.

306. **TÉNARE**, ex-**NEUILLY.** — H. N.
Al. 1875. — Finistère.
Par *Neuilly*, 1/2 s. N., et une jument bretonne.
Lamballe : 1879-1883.

307. **THERMIDOR, ex-INO**. — H. N.
B. 1876. — Finistère.
Par *Ino*, 1/2 s. N., et une 1/2 s. B., par Enée, 1/2 s. N.
Lamballe : depuis 1881.

308. **THOMAS.** — H. N.
B. 1876. — Finistère.
Par *Thomas*, 1/2 s. B., et une 1/2 s. B., par Hermion, 1/2 s. N.
Hennebont : depuis 1880.

309. **THOMAS-MORUS** (approuvé). — M. Corre.
Al. 1862. — Bretagne.
Par *Thomas-Morus*, 1/2 s. L., et une jument bretonne.
Lamballe : 1866-1875.

310. **TICE** (approuvé). — M. Lagrée.
B. 1878. — Bretagne.
Par *Tice*, 1/2 s. N., et une jument bretonne.
Hennebont : depuis 1884.

311. **TIEK.** — H. N.
B. 1875. — Finistère.
Par *Windham*, P. S. A., et une 1/2 s. B. par Cheerly, 1/2 s. N.
Hennebont : 1878-1880.

312. **TOUT-JUSTE** (approuvé). — M. Le Floch.
Al. 1874. — Finistère.
Par *Dauphin*, 1/2 s. N., et une jument bretonne.
Lamballe : 1878-1889.

313. **TRÉFLEZ, ex-LANNILIS**. — H. N.
Al. 1875. — Bretagne.
Par *Cheerly*, 1/2 s. N., et une fille de Lannilis, 1/2 s. B.
Lamballe : 1879-1880.

314. **TRÉBABU, ex-ZÉPHIR**. — H. N.
B. 1875. — Finistère.
Par *Windham*, P. S. A., et une fille d'Aubriot, 1/2 s. B.
Hennebont : depuis 1879.

315. **TREGARVAN, ex-QUONIAM**. — H. N.
B. 1875. — Finistère.
Par *Ingres*, 1/2 s. N., ou *Windham*, P. S. A., et une 1/2 s. B.,
par Dauphin, 1/2 s. N.
Lamballe : 1879-1884.

316.   **TRIDENT** (approuvé). — M. Le Borgne.
B. 1876. — Bretagne.
Par *Thomas*, 1/2 s. B., et une 1/2 s. B., par Nicéphore, 1/2 s. N.
Lamballe : 1880-1881.

317.   **TRIPOLI**, ex-**PONTNULVIS**. — H. N.
Gr. 1875. — Finistère.
Par *Liban*, P. S. Ar., et une jument bretonne.
Hennebont : 1879-1887.

318.   **TROTTAWAY** (approuvé). —M. Quignet.
Al. 1878. — Finistère.
Par *Trottaway*, 1/2 s. Norf., et *Giselle*, 1/2 s. B., par Fire-King,
1/2 s. Norf.
Lamballe : 1881-1889.

319.   **TYPHON**, ex-**MUSTER**. — H. N.
B. 1875. — Finistère.
Par *Miroton* (trait) et une 1/2 s. B., par Dauphin, 1/2 s. N.
Hennebont : 1879-1885.

320.   **ULYSSE**. — M. Le Goff.
Gr. 1834. — Finistère.
Par *Ulysse*, 1/2 s. N., et une 1/2 s. B., par Potentat, 1/2 s. N.
Langonnet : 1838-1849.

321.   **ULYSSE**. — M. Saout.
Al. 1836. — Finistère.
Par *Ulysse*, 1/2 s. N., et une 1/2 s. B., par Ramponneau, 1/2 s. N.
Langonnet : 1839-1852.

322. ULYSSE (approuvé). —M. Péron, 1871 ; H. N., 1872.
Al. 1867. — Finistère.
Par *Dauphin*, 1/2 s. N., et une fille de Y. Grey-Shales, 1/2 s. B.
Lamballe : 1871-1884.

323.   **UNDECIMA**, ex-**ULEX**. — H. N.
Al. 1876. — Finistère.
Par *Trottaway*, 1/2 s. Norf., et une fille de Chevreuil, 1/2 s. B.
Lamballe : 1881.

324. UNIPERSONNEL, ex-**UNIFORME**. — H. N.
Al. 1877. — Finistère.
Par *Fire-King*, 1/2 s. A., et *Lucie*, 1/2 s. B., par Dauphin,
1/2 s. N.
Lamballe : 1881-1889.

325.   URBISE, ex-ÉMEUTIER. — H. N.
Ro. 1876. — Finistère.
Par *Richard*, 1/2 s. B., et une 1/2 s. B., par Alonzo-the-Brave,
1/2 s. Norf.
Lamballe : 1880-1883.

326.   URGENT (approuvé).
M. Lemée ; M. Surcouf.
Ro. 1876. — Bretagne.
Par *Partisan*, 1/2 s. N., et une jument bretonne.
Hennebont : depuis 1880.

327.   URGONTE, ex-RÉBUS. — H. N.
Al. 1876. — Finistère.
Par *Neuilly*, 1/2 s. N., et une 1/2 s. B. par Black-Shales,
1/2 s. Norf.
Lamballe : 1880-1885.

328.   URTIN. — H. N.
Al. 1876. — Finistère.
Par *Flying-Cloud*, 1/2 s. Norf., et une 1/2 s. B., par John,
1/2 s. Norf.
Lamballe : 1880-1886.

329.   USAGER. — H. N.
Al. 1876. — Finistère.
Par *Page*, 1/2 s. N., et une 1/2 s. B., par Pretender, 1/2 s. Norf.,
ou Dauphin, 1/2 s. N.
Lamballe : 1880-1883.

330.   USITÉ. — H. N.
B. 1876. — Finistère.
Par *Windham*, P. S. A., et une 1/2 s. B., par Bélus, 1/2 s. N.
Lamballe : 1880-1889.

331.   USITÉ (approuvé). — M. Quillou.
B. 1885. — Bretagne.
Par *Vaduis*, 1/2 s. N., et une 1/2 s. B., par Quatrain, 1/2 s. N.
Hennebont : depuis 1889.

332.   USURIER. — H. N.
Al. 1876. — Finistère.
Par *Neuilly*, 1/2 s. N., et une 1/2 s. B., par Pretender,
1/2 s. Norf.
Lamballe : 1880-1881.

333. **VAINQUEUR** (approuvé).
M. Guivarch, 1880 ; M. Madec, 1881.
Al. 1870. — Bretagne.
Par *Neuilly*, 1/2 s. N., et une 1/2 s. B., par John, 1/2 s. Norf.
Lamballe : 1880. — Hennebont : depuis 1881.

334. **VALENTINO** (approuvé). — M. Stricot.
Al. 1877. — Finistère.
Par *Valentino*, P. S. A., et une 1/2 s. B., par Héron, 1/2 s. N.
Lamballe : 1881.

335. **VANDALE II** (approuvé). — M. Garault.
B. 1883. — Bretagne.
Par *Vandale*, 1/2 s. N., et une 1/2 s. B., par Norfolk-Cob, 1/2 s. Norf.
Hennebont : 1887-1888.

336. **VENDÉMIAIRE**, ex-**VOYAGEUR**. — H. N.
Gr. 1877. — Finistère.
Par *Y. Trottaway*, 1/2 s. Norf., et une 1/2 s. B., par Ino, 1/2 s. N.
Hennebont : 1881-1887.

337. **VENEUR** (approuvé). — M. Mélinaire.
Ro. 1884. — Bretagne.
Par *Veneur*, 1/2 s. N., et une 1/2 s. B., par Fire-King, 1/2 s. A.
Hennebont : depuis 1888.

338. **VENGEUR**. — H. N.
Al. 1876. — Finistère.
Par *Neuilly*, 1/2 s. N., et une 1/2 s. B., par Bélus, 1/2 s. N.
Lamballe : 1880-1881.

339. **VERTIGE**. — H. N.
Al. 1877. — Finistère.
Par *Windham*, P. S. A., et une 1/2 s. B., par Pretender, 1/2 s. Norf.
Lamballe : depuis 1881.

340. **VICTOR**. — H. N.
Al. 1878. — Finistère.
Par *Fire-King*, 1/2 s. Norf., et une 1/2 s. B., par Pretender,
1/2 s. Norf.
Lamballe : 1882-1887.

341. **VOLTAIRE** (approuvé). — M. Jallu.
Gr. 1877. — Bretagne.
Par *Alonzo-the-Brave*, 1/2 s. Norf., et une fille de Neptune,
1/2 s. B.
Hennebont : depuis 1881.

342. **VOLTAIRE.** — H. N.
B. 1879. — Côtes-du-Nord.
Par *Corlay*, 1/2 s. B., et une fille de Bacchus, 1/2 s. B.
Lamballe : 1885-1890.

343. **VOLTIGEUR.** — H. N.
Ro. 1875. — Côtes-du-Nord.
Par *Quiddany*, 1/2 s. N., et une 1/2 s. B., par Gouvieux, P. S. A.
Lamballe : depuis 1883.

344. **VOLTIGEUR.** — M. Vigouroux.
Gr. 1878. — Finistère.
Par *Neuilly*, 1/2 s. N., et une 1/2 s. B., par Black-Shales,
1/2 s. Norf.
Sa grand'mère : fille de Coco (trait amélioré).
Sa bisaïeule : fille de Grey-Shales, 1/2 s. Norf.
Lamballe : 1882-1886.

345. **WINDHAM** (approuvé). — M. Madec.
Al. 1879. — Morbihan.
Par *Windham*, P. S. A., et une jument bretonne.
Hennebont : 1884-1888.

346. **WINDHAM II.** — H. N.
Gr. 1876. — Finistère.
Par *Windham*, P. S. A., et une 1/2 s. B., par Dauphin, 1/2 s. N.
Lamballe : 1881-1883.

347. **WOLF**, ex-**WINDHAM II.** — H. N.
B. 1876. — Finistère.
Par *Fire-King*, 1/2 s. Norf. ou *Windham*, P. S. A., et une 1/2 s. B.,
par Bijou, 1/2 s. N.
Hennebont : 1881-1887.

348. **Y. ANTÉNOR.** — H. N.
Gr. 1857. — Finistère.
Par *Anténor*, 1/2 s. N., et une 1/2 s. B., par Grey-Shales,
1/2 s. Norf.
Lamballe : 1862-1863.

349. **Y. AUBRIOT** (approuvé). — M. Corre.
B. 1870. — Finistère.
Par *Aubriot*, 1/2 s. B., et une 1/2 s. B., par Hermion ou Inachus,
1/2 s. N.
Lamballe : 1875-1878.

350.　　　　　　**Y. HERMION. — H. N.**
Al. 1868. — Finistère.
Par *Hermion*, 1/2 s. N., et une 1/2 s. B., par Inachus, 1/2 s. N.
Hennebont : 1872-1886.

351.　　　　　　**Y. HUTIN. — H. N.**
Al. 1848. — Bretagne.
Par *Hutin*, 1/2 s. B., et *Vagonne*, 1/2 s. B.
Lamballe : 1856-1870.

352.　　　　　　**Y. ISMAÊL. — H. N.**
B. 1849. — Bretagne.
Par *Ismaël*, P. S. A. A., et une jument bretonne.
Langonnet : 1853.

353.　　**Y. WINDHAM** (approuvé). — M. Quiguer.
B. 1874. — Bretagne.
Par *Windham*, P. S. A., et une jument bretonne.
Lamballe : 1878-1881.

2º

ÉTALONS

IMPORTÉS DANS LES CIRCONSCRIPTIONS DE LAMBALLE
ET D'HENNEBONT

ÉTALONS

Importés dans les circonscriptions de Lamballe et d'Hennebont

---

354. **ABADIE**, 1/2 s. L. — H. N.
Gr. 1873. — Haute-Vienne.
Par *Alcoran*, P. S. Ar., et une 1/2 s. L. par Xénocrate, P. S. A. A.
Hennebont : 1876-1890.

355. **ABD-EL-KADER**, 1/2 s. V. — H. N.
Gr. 1877. — Vendée.
Par *Ras-El-Abiad*, P. S. Ar., et une 1/2 s. V. par Isly, P. S. Ar.
Lamballe : depuis 1881.

356. **ACKEL**, 1/2 s. Big. — H. N.
Al. 1867. — Hautes-Pyrénées.
Par *Roi-de-Chypre*, P. S. A. A., et une 1/2 s. Big. par Sheik-Zoad,
P. S. A. A.
Hennebont : 1874-1882.

357. **ACTEUR**, 1/2 s. N. — H. N.
B. 1878. — Manche.
Par *Hélios*, 1/2 s. N., et *Sophie*, par Noyau, 1/2 s. N.
Sa grand'mère : fille d'Élu, 1/2 s. N.
Hennebont : 1882-1885.

358. **AGÉSILAS**, 1/2 s. N. — H. N.
N. 1878. — Calvados.
Par *Narval*, 1/2 s. N., et *Lisette*, par Vladimir, 1/2 s. N.
Lamballe : 1882.

359. **AGRIPPA**, 1/2 s. N. — H. N.
B. 1856. — Orne.
Par *Paradis*, 1/2 s. N., et une 1/2 s. N.
Hennebont : 1860-1861.

360.   **AGITATION**, 1/2 s. A. — H. N.
B. 1834. — Angleterre.
Lamballe : 1853-1861.

361.   **ALBAN**, 1/2 s. N. — H. N.
Gr. 1856. — Calvados.
Par *Parfait*, 1/2 s. N., et une jument 1/2 s. N.
Hennebont : 1860-1863 (Angers en 1864).

362.   **ALCALA**, 1/2 s. N. — H. N.
B. 1878. — Manche.
Par *Lavater*, 1/2 s. N., et *Miss-of-Linne*, P. S. A.
Lamballe : depuis 1883.

363.   **ALERTE**, 1/2 s. N. — H. N.
B. 1878. — Calvados.
Par *Libérator*, 1/2 s. A., ou *Radeau*, 1/2 s. N., et *Gazelle*,
par Oui, 1/2 s. N.
Sa grand'mère : fille de Tonnerre-des-Indes, P. S. A.
Lamballe : 1882-1887.

364.   **ALL-FOURS**, 1/2 s. Norf. — H. N.
N. 1873. — Angleterre.
Par *Talleyrand*, 1/2 s. A., et une fille de Flying-Buck, 1/2 s. A.
Hennebont : 1878-1882.

365.   **ALONZO-THE-BRAVE**, 1/2 s. Norf. — H. N.
B. 1858. — Angleterre.
Hennebont : 1864-1873.

366.   **ALTHORP-WONDER**, 1/2 s. A. — H. N.
Ro. 1885. — Angleterre.
Par *Star of the East*, 1/2 s. A., et *Fanny*, 1/2 s. A.
Hennebont : depuis 1891.

367.   **AMASIS**, ex-**AZI**, 1/2 s. N. — H. N.
B. 1878. — Calvados.
Par *Elu*, 1/2 s. N., et *Locomotive*, par Esculape, 1/2 s. N.
Sa grand'mère : fille d'Abrantès, 1/2 s. N.
Lamballe : depuis 1882.

368.   **ANACHORÈTE**, ex-**ARIOSTE**, 1/2 s. N.
H. N.
B. 1878. — Manche.
Par *Ignoré*, 1/2 s. N., et *Marquise*, par Kapirat, 1/2 s. N.
Sa grand'mère : fille de Riga, 1/2 s. N.
Lamballe : 1882-1883.

369.   **ANTÉNOR**, 1/2 s. N. — H. N.
B. 1835. — Normandie.
Par *Y. Rattler*, 1/2 s. A., et une 1/2 s. N.
Lamballe : 1860.

370.   **ARCHI**, 1/2 s. N. — H. N.
N. 1878. — Manche.
Par *Lavater*, 1/2 s. N., et *Sauvage*, par Milanais, 1/2 s. N.
Sa grand'mère : fille d'Uzel, 1/2 s. N.
Hennebont : depuis 1882.

371.   **ARGENTEUIL**, ex-**AVENIR**, 1/2 s. N. — H. N.
Al. 1878. — Orne.
Par *Oriental*, 1/2 s. N., et *Amaryllis*, par Kilomètre, 1/2 s. N.
Sa grand'mère : 1/2 s. N.; par Wanderer, 1/2 s. A.
Lamballe : 1883.

372.   **ARIOSTE**, 1/2 s. N. — H. N.
B. 1878. — Calvados.
Par *Orfila*, 1/2 s. N., et *Bijou*, par Beaumanoir, 1/2 s. N.
Sa grand'mère : fille de Voltaire, 1/2 s. N.
Lamballe : depuis 1882.

373.   **ARTHUR**, 1/2 s. N. — H. N.
B. 1836. — Normandie.
Par *Lottery*, P. S. A., et *Miss-Cliff*, 1/2 s. A.
Langonnet : 1842-1849.

374.   **ASDRUBAL**, ex-**AÉRIEN**, 1/2 s. N. — H. N.
Al. 1878. — Orne.
Par *Gaulois* ou *Oriental*, 1/2 s. N., et *Mignonne*, par Centaure, 1/2 s. N.
Sa grand'mère : fille d'Y. Volunteer, 1/2 s. A.
Hennebont : depuis 1882.

375.   **ATHIS**, 1/2 s. N. — H. N.
Al. 1878. — Manche.
Par *Kabin*, 1/2 s. N., et une fille de Lucullus, 1/2 s. N.
Hennebont : depuis 1882.

376.   **ATTILA**, 1/2 s. Big. — H. N.
Gr. 1872. — Hautes-Pyrénées.
Par *Othello*, P.S. Ar., et une 1/2 s. Big., par Roi-de-Chypre, P. S. A. A.
Hennebont : 1876-1883.

377.   **ATTORNEY**, ex-**AIRAN**, 1/2 s. N. — H. N.
B. 1878. — Manche.
Par *Quettreville*, 1/2 s. N., et *Bijou*, par Beaumanoir, 1/2 s. N.
Sa grand'mère : fille de Cancale, 1/2 s. N.
Hennebont : 1882.

378.   **AUBIGNY**, 1/2 s. N. — H. N.
Al. 1878. — Manche.
Par *Oranger*, 1/2 s. N., et *Lisette*, par Inkermann, 1/2 s. N.
Hennebont : depuis 1882.

379.   **AUGER**, 1/2 s. N. — H. N.
B. 1856. — Calvados.
Par *Troarn*, 1/2 s. N., et une 1/2 s. N.
Lamballe : 1860-1861.

380.   **AUGIAS**, ex-**ACCACIA**, 1/2 s. N. — H. N.
Al. 1878. — Calvados.
Par *Elu*, 1/2 s. N., et *Thérèse*, par Le More, 1/2 s. N.
Sa grand'mère : fille d'Introuvable, 1/2 s. N.
Lamballe : depuis 1882.

381.   **AXIS**, 1/2 s. N. — H. N.
B. 1856. — Manche.
Par *Assam*, P. S. Ar., et une 1/2 s. N.
Hennebont : 1860-1871.

382.   **AZOR**, 1/2 s. N. — H. N.
Gr. 1856. — Orne.
Par *Jugurtha*, 1/2 s. N., et *Biche*, 1/2 s. N.
Hennebont : 1860-1868.

383.   **BABEL**, ex-**BADIN**, 1/2 s. Char. — H. N.
B. 1879. — Charente-Inférieure.
Par *Liber*, 1/2 s. N., et une 1/2 s. Char., par Montbars, P. S. A.
Hennebont : 1883-1885.

384.   **BABEUF**, ex-**BALADIN**, 1/2 s. N. — H. N.
Bb. 1879. — Calvados.
Par *Qu'en-pensez-vous?* 1/2 s. N., et *Lisa*, 1/2 s. N., par Léotard,
1/2 s. N.
Hennebont : 1883-1889.

385.   **BABILAS**, 1/2 s. N. — H. N.
B. 1857. — Manche.
Par *Riga*, 1/2 s. N., et une 1/2 s. N.
Lamballe : 1861-1867.

386.   **BACCHUS**, 1/2 s. N. — H. N.
B. 1857. — Calvados.
Par *Eperon*, P. S. A., et une 1/2 s. N., par Ramsay, P. S. A.
Lamballe : 1861-1878.

387.   **BACCHUS**, 1/2 s. N. — H. N.
N. 1879. — Manche.
Par *Noirmont*, 1/2 s. N., et *Pervenche*, par Conquérant, 1/2 s. N.
Sa grand'mère : Modestie.
Hennebont : 1883-1885.

388.   **BAGOT**, 1/2 s. A. — H. N.
Bl. 1838. — Angleterre.
Par *York*, 1/2 s. A., et une jument anglaise.
Lamballe : 1855-1856.

389.   **BAJAZET**, ex-**BEAU-SIRE**, 1/2 s. N.
H. N.
Al. 1879. — Manche.
Par *Romano*, 1/2 s. N., et *Castille*, par Lansborn, 1/2 s. N.
Sa grand'mère : fille de Beaumanoir ou Volant, 1/2 s. N.
Hennebont : depais 1883.

390'.   **BALADIN**, 1/2 s. N. — H. N.
B. 1857. — Calvados.
Par *Y. Kurde*, 1/2 s. N., et une jument du Bessin.
Hennebont : 1861-1866.

391.   **BALDER**, ex-**BON-ESPOIR**, 1/2 s. V.
H. N.
Bb. 1879. — Vendée.
Par *Nique*, 1/2 s. N., et une 1/2 s. V., par Karibon, 1/2 s. N.
Hennebont : 1883-1885.

392.   **BALZAC**, 1/2 s. N. — H. N.
B. 1879. — Manche.
Par *Ignoré*, 1/2 s. N., et *Sophie*, par Hégésippe. 1/2 s. N.
Sa grand'mère : fille de Riga, 1/2 s. N.
Hennebont : 1883-1884.

393.   **BANCO**, 1/2 s. N. — H. N.
B. 1879. — Calvados.
Par *Qui-Vive*, 1/2 s. N., et une 1/2 s. N., par Sir Edwin-Landsyer,
1/2 s. A.
Lamballe : depuis 1883.

394.   **BARDE**, 1/2 s. N. — H. N.
B. 1879. — Calvados.
Par *Léotard*, 1/2 s. N., et *Poulot*, par Jean-Bart, 1/2 s. N.
Hennebont : 1883-1885.

30

395. **BAR-LE-DUC**, 1/2 s. N. — H. N.
B. 1879. — Manche.
Par *Lavater*, 1/2 s. N., et *Druidesse*, par Agenda, 1/2 s. N.
Hennebont : 1883-1890.

396. **BARYTON**, 1/2 s. N. — H. N.
B. 1857. — Calvados.
Par *Ottoman*, 1/2 s. N., et une fille de Voltaire, 1/2 s. N.
Lamballe : 1861-1862 (Le Pin en 1863).

397. **BASSANO**, 1/2 s. N. — H. N.
B. 1879. — Calvados.
Par *Nomen*, 1/2 s. N., et *Clara*, par Jovial, 1/2 s. N.
Lamballe : depuis 1883.

398. **BATACLAN II**, 1/2 s. N. — H. N.
B. 1879. — Calvados.
Par *Noville*, 1/2 s. N., et *Fanfare*, par Conquérant, 1/2 s. N.
Hennebont : 1883-1884.

399. **BATAILLE**, 1/2 s. N. — H. N.
Al. 1879. — Orne.
Par *Clear the Way*, 1/2 s. A., et *Florentine*, par Fleuron, 1/2 s. N.
Lamballe : depuis 1883.

400. **BAY-CHAMPION**, 1/2 s. Norf. — H. N.
B. 1866. — Angleterre.
Par *Old Primias*, 1/2 s. A., et une jument 1/2 s. A., par Rattler,
P. S. A.
Hennebont : 1876-1884.

401. **BEAUSÉJOUR**, 1/2 s. Char. — H. N.
Al. 1879. — Charente-Inférieure.
Par *Quittler*, 1/2 s. N., et une 1/2 s. Char., par Nezel, 1/2 s. N.
Hennebont : depuis 1883.

402. **BEAUVAIS**, 1/2 s. N. — H. N.
Bb. 1879. — Manche.
Par *Orfila* ou *Rostrum*, 1/2 s. N., et *Gazelle*, 1/2 s. N,
Lamballe : depuis 1883.

403. **BÉGONIA**, 1/2 s. N. — H. N.
B. 1879. — Calvados.
Par *Noville*, 1/2 s. N., et *Cendrillon*, par Conquérant, 1/2 s. N.
Lamballe : depuis 1890.

404.   **BÉLIDOR**, 1/2 s. N. — H. N.
B. 1857. — Manche.
Par *Riga*, 1/2 s. N., et une 1/2 s. N., par Ballinkeele, P. S. A
Lamballe : 1861-1864.

405.   **BÉLUS**, 1/2 s. N. — H. N.
B. 1857. — Manche.
Par *Nemrod*, 1/2 s. N., et une fille d'Osman, 1/2 s. N.
Lamballe : 1861-1865.

406.   **BEN-KADOUR**, 1/2 s. Ar. — H. N.
Gr. 1839. — Afrique.
Lamballe : 1853-1860.

407.   **BEN-TAÏEB**, 1/2 s. Ar. — H. N.
Gr. 1843. — Afrique.
Lamballe : 1851-1856.

408.   **BERTHIER**, 1/2 s. N. — H. N.
B. 1846. — Orne.
Par *Gaveston*, 1/2 s. N., et *Sophie*, 1/2 s. N.
Lamballe : 1851-1861.

409.   **BEUVRON**, 1/2 s. N. — H. N.
B. 1847. — Normandie.
Par *Master-Wags*, P. S. A., et *Tontine*, 1/2 s. N.
Lamballe : 1852-1853 (Angers en 1853).

410.   **BEY-ALI**, 1/2 s. Ar. — H. N
Al. — Syrie.
Lamballe : 1856-1862.

411.   **BIJOU**, 1/2 s. N. — H. N.
B. 1860. — Manche.
Par *Ugolin*, 1/2 s. N., et une 1/2 s. N.
Lamballe : 1865-1872.

412.   **BITLEY**, ex-**JUNIPER**, 1/2 s. Norf.
H. N.
B. 1886. — Angleterre.
Par *Lord-Bardolph*, 1/2 s. Norf., et une fille de Spidler,
1/2 s. Norf.
Lamballe : depuis 1890.

413.   BLACK-FIRE-AWAY, 1/2 s. Norf. — H. N.
N. 1877. — Angleterre.
Lamballe : depuis 1882.

414.   BLACK-HERO, 1/2 s. Norf. — H. N.
N. 1885. — Angleterre.
Par *Norfolk-Phœnomenon*, 1/2 s. Norf., et une fille de Prickwillow,
1/2 s. Norf.
Hennebont : depuis 1891.

415.   BLACK-NORFOLK, 1/2 s. Norf. — H. N.
N. 1870. — Angleterre.
Par *Prickwillow*, 1/2 s. Norf., et une fille de Norfolk-Hero,
1/2 s. Norf.
Lamballe : 1881-1888.

416.   BLUE-ROAN, 1/2 s. Norf. — H. N.
Gr. 1887. — Angleterre.
Par *Great-Shot*, 1/2 s. Norf., et une fille d'Ambition, 1/2 s. Norf.
Lamballe : depuis 1890.

417.   BOIS-LE-DUC, 1/2 s. N. — H. N.
Bb. 1879. — Manche.
Par *Blenheim*, P. S. A.. et *Bijou*, par Umber, 1/2 s. N.
Sa grand'mère : fille de Vladimir, 1/2 s. N.
Lamballe : 1883-1890.

418.   BONBON, 1/2 s. N. — H. N.
B. 1857. — Manche.
Par *Radical*, 1/2 s. N., et une 1/2 s. N.
Lamballe : 1861-1863.

419.   BORDEU, 1/2 s. N. — H. N.
Bb. 1857. — Orne.
Par *Paradis*, 1/2 s. N., et une fille de Faliero, 1/2 s. N.
Lamballe : 1861-1863.

420.   BOUCICAUT, 1/2 s. N. — H. N.
B. 1857. — Manche.
Par *Tic-Tac*, 1/2 s. N., et une fille d'Imbert, 1/2 s. N.
Lamballe : 1861-1865.

421.   BOXEUR, 1/2 s. N. — H. N.
B. 1856. — Calvados.
Par *Telegraph*, 1/2 s. A., et une fille d'Impérial, 1/2 s. N.
Lamballe : 1862-1873.

422. **BRAHMA,** 1/2 s. N. — H. N.
B. 1879. — Calvados.
Par *Kaolin*, P. S. A., et *Javotte*, 1/2 s. N.,
par The-Norfolk-Phœnomenon, 1/2 s. A.
Lamballe : 1883-1888.

423. **BRASIER,** 1/2 s. N. — H. N.
Bb. 1857. — Manche.
Par *Saillant*, 1/2 s. N., et une fille d'Observateur, 1/2 s. N.
Lamballe : 1861-1862 (Le Pin en 1863).

424. **BRESLAU,** 1/2 s. N. — H. N.
B. 1837. — Normandie.
Par *Napoléon*, P. S. A., et une 1/2 s. N., par Eastham, P. S. A.
Langonnet : 1841-1842.
Lamballe : 1843-1845 (Angers en 1845).

425. **BRODY,** 1/2 s. N. — H. N.
B. 1879. — Calvados.
Par *Élu* ou *Raifort*, 1/2 s. N., et *Rachel*, par Irlandais, 1/2 s. N.
Sa grand'mère : fille d'Esculape, 1/2 s. N.
Hennebont : depuis 1883.

426. **BRONZE,** 1/2 s. N. — H. N.
Al. 1879. — Manche.
Par *Quinte-Curce*, 1/2 s. N., et *Parfaite*, par Beaumanoir,
1/2 s. N.
Lamballe : depuis 1883.

427. **BURGOS,** 1/2 s. N. — H. N.
Gr. 1834. — Normandie.
Par *Burgos*, 1/2 s. N., et une 1/2 s. N.
Lamballe : 1844-1848.

428. **CABOTEUR,** 1/2 s. N. — H. N.
B. 1836. — Normandie.
Par *Lucholl*, 1/2 s. A., et une 1/2 s. N., par Proselyte, 1/2 s. A.
Langonnet : 1840-1841.

429. **CABOTIN,** 1/2 s. N. — H. N.
B. 1858. — Manche.
Par *Perfection*, 1/2 s. N., et une 1/2 s. N., par Marengo,
P. S. A. A.
Hennebont : 1863-1870.

430   **CADET**, ex-**ESCOT**, 1/2 s. L. — H. N.
B. 1882. — Creuse.
Par *Bobereau*, 1/2 s. A. A., et une 1/2 s. L., par Aden, P. S. Ar.
Hennebont : 1886-1889 (Rodez en 1890).

431.   **CAÏD**, 1/2 s. N. — H. N.
Al. 1880. — Manche.
Par *Romano*, 1/2 s. N., et *Sophie*, par Germanicus, 1/2 s. N.
Lamballe : depuis 1884.

432.   **CALIGULA**, 1/2 s. A. — H. N.
Gr. 1844. — Angleterre.
Par *Paulinus*, 1/2 s. A., et *Columbine*, P. S. A.
Hennebont : 1853-1864.

433.   **CAMBREMER**, 1/2 s. N. — H. N.
B. 1836. — Normandie.
Par *Proselyte*, 1/2 s. A., et une fille d'Arion.
Langonnet : 1840-1843.

434.   **CAMOËNS**, ex-**CRÉSUS**. — H. N.
Al 1879. — Seine-Inférieure.
Lamballe : 1884.

435.   **CAMOUFLET**, 1/2 s. N. — H. N.
B. 1880. — Orne.
Par *Serpolet-Bai*, 1/2 s. N., et *Sérénade*, par Destin, 1/2 s. N.
Sa grand'mère : fille d'Homère, 1/2 s. N.
Lamballe : depuis 1884.

436.   **CAMPANA**, ex-**COURAGEUX**, 1/2 s. N.
H. N.
Bb. 1880. — Manche.
Par *Henry*, P. S. A., et *Pâquerette*, par Conquérant, 1/2 s. N.
Sa grand'mère : fille de The Heir-of-Linne, P. S. A.
Hennebont : depuis 1884.

437.   **CAMPISTON**, ex-**COURAGEUX**, 1/2 s. Char.
H. N.
B. 1880. — Charente-Inférieure.
Par *Paris*, 1/2 s. N., et une fille de Misanthrope, 1/2 s. Char.
Hennebont : depuis 1884.

438.   **CANISY**, ex-**CORSAIRE**, 1/2 s. Carr. — H. N.
Al. 1877. — Oise.
Par *Corsaire*, 1/2 s. N., et une fille de Bayard, 1/2 s. N,
Hennebont : depuis 1881.

439.   **CASINO**, 1/2 s. V. — H. N.
Aub. 1880. — Vendée.
Par *Qu'en-Dira-t-On?* 1/2 s. N., et une 1/2 s. V.,
par Farmer's-Glory, 1/2 s. A.
Hennebont : depuis 1885.

440.   **CASTOR**, 1/2 s. N. — H. N.
Aub. 1880. — Orne.
Par *Marignan*, 1/2 s. N., et *Miss-Lala*, 1/2 s. N., par Rapid-Roan,
1/2 s. A.
Sa grand'mère : fille de Centaure, 1/2 s. N.
Hennebont : depuis 1884.

441.   **CAUCASE**, 1/2 s. N. — H. N.
Bb. 1836. — Normandie.
Par *Sylvio*, P. S. A., et une 1/2 s. N., par Eastham, P. S. A.
Langonnet : 1842. — Lamballe : 1843.

442.   **CENTAURE**, 1/2 s. N. — H. N.
B. 1836. — Normandie.
Par *Eastham*, P. S. A., et une 1/2 s. N., par Pope, 1/2 s. A.
Langonnet : 1840.

443.   **CHAMPAUBERT**, 1/2 s. N. — H. N.
B. 1858. — Normandie.
Par *Gainsborough*, 1/2 s. A., et une fille de Fashionable, 1/2 s. N.
Hennebont : 1863-1874.

444.   **CHAMPION**, 1/2 s. N. — H. N.
Al. 1880. — Manche.
Par *Newton*, 1/2 s. N., et *Parfaite*, par Divus, 1/2 s. N.
Sa grand'mère : fille de Junior, 1/2 s. N.
Lamballe : depuis 1884.

445.   **CHANCE**, 1/2 s. N. — H. N.
B. 1858. — Orne.
Par *Taconnet*, 1/2 s. N., et une 1/2 s. N., par Royal-Oak, P. S. A.
Lamballe : 1862-1863 (La Roche-sur-Yon en 1864).

446.   **CHAPERON**, 1/2 s. N. — H. N.
B. 1880. — Manche.
Par *Quarteron*, 1/2 s. N., et *Castille*, par Laboureur, 1/2 s. N.
Sa grand'mère : fille d'Hippocrate, 1/2 s. N.
Lamballe : depuis 1884.

447.   **CHEERLY**. 1/2 s. N. — H. N.
B. 1858. — Manche.
Par *Lagopède*, 1/2 s. N., et une 1/2 s. N., par Marengo, P. S. A. A.
Lamballe : 1862-1875.

448. **CHEVREUIL**, 1/2 s. N. — H. N.
B. 1858. — Orne.
Par *Merlerault*, 1/2 s. N., et une 1/2 s. N., par Stoker, P. S. A.
Lamballe : 1862-1864.

449. **CHIBOUCK**, 1/2 s. N. — H. N.
C. L., 1858. — Orne.
Par *Djar*, P. S. Ar., et une fille d'Honorable, 1/2 s. N.
Lamballe : 1863-1865.

450. **CLOTAIRE**, 1/2 s. N. — H. N.
B. 1858. — Manche.
Par *Tamerlan*, 1/2 s. N., et une fille de Perfection, 1/2 s. N.
Lamballe : 1862.

451. **CŒUR-DE-CHÊNE**, 1/2 s. N. — H. N.
B. 1857. — Calvados.
Par *Ramsay*, P. S. A., et une fille de Lucain, 1/2 s. N.
Lamballe : 1862-1868.

452. **COLPORTEUR**, 1/2 s. N. — H. N.
B. 1858. — Normandie.
Par *Wanderer*, 1/2 s. A., et une 1/2 s. N., par Gainsborough,
1/2 s. A.
Hennebont : 1863-1870.

453. **COMET**, 1/2 s. A. — H. N.
Al. 1861. — Angleterre.
Par *Sir-Charles*, 1/2 s. A., et une fille de Quick-Sylver, 1/2 s. A.
Lamballe : 1867-1869.

454. **CONFIDENCE**, 1/2 s. Norf. — H. N.
N. 1874. — Angleterre.
Par *Confidence-de-Vogles*, 1/2 s. Norf., et une fille de Phœnomenon,
1/2 s. Norf.
Hennebont : 1878-1883.

455. **CONQUÉRANT**, 1/2 s. Carr. — H. N.
Gr. 1838. — France.
Par *Sandy*, 1/2 s. A., et une jument née dans le Perche.
Langonnet : 1842.

456. **CONQUÉRANT**, 1/2 s.N. (approuvé).
M. de Bréon.
B. 1868. — Normandie.
Par *Kapirat*, 1/2 s. N., et *La Guerre* (sans origine connue).
Hennebont : 1875-1876.

457.   **CONSUL**, 1/2 s. N. — H. N.
B. 1836. — Calvados.
Par *Y. Rattler*, 1/2 s. A., et une 1/2 s. N., fille de Lucholl,
1/2 s. A.
Lamballe : 1844-1845.

458.   **CORIANDER**, 1/2 s. Carr. — H. N.
Al. 1880. — Aisne.
Par *Gaspardo*, 1/2 s. A., et *Danaë*, 1/2 s. A.
Lamballe : depuis 1884.

459.   **CORNAC**, 1/2 s. N. — H. N.
Al. 1880. — Manche.
Par *Sidi*, P. S. Ar., et une fille de Lavater, 1/2 s. N.
Sa grand'mère : fille de d'Artagnan, 1/2 s. N.
Hennebont : 1884-1887.

460.   **CRONSTAD**, 1/2 s. Orl. — H. N.
N. 1856. — Russie.
Lamballe : 1863.

461.   **CUIRASSIER**, 1/2 s. N. — H. N.
B. 1830. — Normandie.
Par *Buffalo*, 1/2 s. N., et une 1/2 s. N.
Lamballe : 1844-1849.

462.   **DAUPHIN**, 1/2 s. N. — H. N.
Al. 1859. — Normandie.
Par *Printemps*, 1/2 s. N., et une 1/2 s. N. par Sylvio, P. S. A.
Lamballe : 1863-1879.

463.   **DAVID**, 1/2 s. N. (approuvé). — M. Lémée.
B. 1849. — Normandie.
Par *Troarn*, 1/2 s. N., et une jument normande.
Hennebont : 1867-1871.

464.   **DEFENDER**, 1/2 s. Carr. — H. N.
Al. 1881. — Aisne.
Par *Franck-Allison*, 1/2 s. Am., et une fille de Matchless II,
1/2 s. A.
Lamballe : 1885-1886.

465.   **DENAIN**, 1/2. s. Carr. — H. N.
Bb. 1861.
Lamballe : 1866-1874.

466. DERHAM-GENTLEMAN, 1/2 s. A. — H. N.
Al. 1880. — Angleterre.
Par *Y. Gentleman*, 1/2 s. A., et *Lincoln-Lady*, 1/2 s. A.
Hennebont : depuis 1890.

467. DIABLE-AU-CORPS, 1/2 s. N. — H. N.
B. 1859. — Normandie.
Par *Gaseley*, 1/2 s. A., et une fille de Pledge, 1/2 s. N.
Hennebont : 1866-1869.

468. DIVIN, 1/2 s. N. — H. N.
Gr. 1859. — Normandie.
Par *Radis*, 1/2 s. N., et une fille d'Oscar, 1/2 s. N.
Lamballe : 1863-1865.

469. DJERID, 1/2 s. Ar. — H. N.
Gr. 1844. — Afrique.
Lamballe : 1851-1855.

470. DONJON, 1/2 s. N. — H. N.
B. 1860. — Orne.
Par *Thésée*, 1/2 s. N., et une fille de Kramer, 1/2 s. N.
Hennebont : 1866-1873.

471. DREAM, 1/2 s. N. (approuvé). — M. L. Gérard.
B. 1881. — Normandie.
Par *Rénémesnil*, 1/2 s. N., et une fille de Jactator, 1/2 s. N.
Hennebont : depuis 1889.

472. DROLE-DE-CORPS, 1/2 s. N. — H. N.
Al. 1881. — Eure.
Par *Niger*, 1/2 s. N., et *Zaine*, par Conquérant, 1/2 s. N.
Sa grand'mère : fille de Carignan, 1/2 s. N.
Hennebont : depuis 1885.

473. DUROC, 1/2 s. N. — H. N.
B. 1837. — Normandie.
Par *Eastham*, P. S. A., et une fille de Courtois, 1/2 s. N.
Lamballe : 1845-1850.

474. ÉCHANSON, 1/2 s. N. — H. N.
Gr. 1838. — Normandie.
Par *Y. Emilius*, P. S. A., et une fille d'Oscar, 1/2 s. N.
Lamballe : 1844-1851.

475. ÉCOLIER, ex-ESPOIR, 1/2 s. N. — H. N.
B. 1860. — Manche.
Par *Kapirat*, 1/2 s. N., et une 1/2 s. N., par Adolphus, P. S. A.
Hennebont : 1864-1873.

476. ÉCLAIR. — H. N.
1833. — Tunis.
Langonnet : 1846-1848.

477. ÉCUREUIL, 1/2 s. N. — H. N.
B. 1831. — Normandie.
Par *Mahomet*, 1/2 s. N., et une 1/2 s. N., par Snail, P. S. A.
Langonnet : 1835-1842. — Lamballe : 1843-1849.

478. ÉDEN, 1/2 s. N. — H. N.
B. 1860. — Orne.
Par *Tancrède*, 1/2 s. N., et une fille de Memnon, 1/2 s. N.
Lamballe : 1864-1875

479. EDGARD, 1/2 s. N. — H. N.
Al. 1838. — Normandie.
Par *Cydnus*, 1/2 s. A., et une 1/2 s. N., par Chapman,
1/2 s. A.
Lamballe : 1846-1848.

480. ÉLÉAZAR, 1/2 s. N. — H. N.
Al. 1860. — Calvados.
Par *Kapirat*, 1/2 s. N., et une 1/2 s. N., par Marengo, P. S. A. A.
Hennebont : 1864-1884.

481. ÉLÉGANT, 1/2 s. N. — H. N.
B. 1860. — Orne.
Par *Pledge*, 1/2 s. N., et une 1/2 s. N., par Stoker, P. S. A.
Lamballe : 1864-1867.

482. ELPHÈGE, 1/2 s. N. — H. N.
Al. 1882. — Manche.
Par *Shamrock*, 1/2 s. A., et *Mignonne*, par Hunter, 1/2 s. N.
Hennebont : depuis 1889.

483. ÉMEUTIER, 1/2 s. N. — H. N.
B. 1860. — Orne.
Par *Prince*, 1/2 s. N., et une 1/2 s. N., par Tipple-Cider, P. S. A.
Hennebont : 1864-1887.

484.   **EMPIRIQUE**, 1/2 s. N. — H. N.
B. 1838. — Normandie.
Par *Mameluke*, P. S. A., et une 1/2 s. N., par Eastham, P. S. A.
Langonnet : 1842-1845.

485.   **ÉNÉE**, 1/2 s. N. — H. N.
Bb. 1860. — Orne.
Par *The Norfolk-Phœnomenon*, 1/2 s. A., et une fille d'Iéna,
1/2 s. N.
Lamballe : 1864-1880.

486.   **ÉNERGUMÈNE**, 1/2 s. N. — H. N.
Bb. 1838. — Normandie.
Par *Hœmus*, P. S. A., et une 1/2 s. N., par Y. Rattler, 1/2 s. A.
Lamballe : 1844-1853.

487.   **ENGHIEN**, ex-**EXPOSÉ**, 1/2 s. N. — H. N.
B. 1882. — Manche.
Par *Sérieux*, 1/2 s. N., et *Ragot*, par Violent, 1/2 s. N.
Lamballe : depuis 1886.

488.   **ENNUI**, 1/2 s. N. — H. N.
B. 1860. — Calvados.
Par *Ottoman*, 1/2 s. N., et une fille de Lucain, 1/2 s. N.
Lamballe : 1864-1873.

489.   **ENTRAIN**, 1/2 s. N. — H. N.
Al. 1859. — Manche.
Par *Raglan*, 1/2 s. N., et une 1/2 s. N., par Ballinkeele, P. S. A.
Lamballe : 1864-1880.

490.   **ÉPAMINONDAS**, 1/2 s. N. — H. N.
Al. 1860. — Manche.
Par *Ugolin*, 1/2 s. N., et une 1/2 s. N., par Crésus P. S. A.
Lamballe : 1867.

491.   **ÉRASMUS**, 1/2 s. Norf. — H. N.
Bb. 1873. — Angleterre.
Hennebont : 1879-1883.

492.   **ERMITE**, 1/2 s. N. — H. N.
Al. 1860. — Orne.
Par *Wanderer*, 1/2 s. A., et une 1/2 s. N., par Lully, P. S. A.
Lamballe : 1864.

493,   **ÉSOPE,** 1/2 s. L. — H. N.
B. 1831. — Limousin.
Par *Mustachio*, P. S. A., et *Furette*, 1/2 s. L.
Langonnet : 1836-1845.

494.   **ESPION,** 1/2. s. N. — H. N.
B. 1860. — Orne.
Par *The Norfolk-Phœnomenon*, 1/2 s. A., et une fille de Kramer,
1/2 s. N.
Hennebont : 1864-1867 (Perpignan en 1868).

495.   **ÉTENDARD,** 1/2 s. N. — H. N.
B. 1838. — Normandie.
Par *Pick-Pocket*, P. S. A., et une 1/2 s. N., par Y. Rattler, 1/2 s. A.
Langonnet : 1842-1847.

496.   **ÉTIENNE,** 1/2 s. N. — H. N.
B. 1882. — Calvados.
Par *Utrecht*, 1/2 s. N., et *Margot*, par Harmonieux, 1/2 s. N.
Sa grand'mère : fille d'Eylau, P. S. A. A.
Lamballe : depuis 1886.

497.   **ÉTONNANT,** 1/2 s. N. — H. N.
B. 1860. — Orne.
Par *Idalis*, 1/2 s. N., et une fille de Dorus, 1/2 s. N.
Lamballe : 1864-1868.

498.   **ÉTRETAT,** 1/2 s. N. — H. N.
Bb. 1882. — Calvados.
Par *Phare*, 1/2 s. N., et *Lisette*, par Bravo, 1/2 s. N.
Sa grand'mère : fille de Kapirat, 1/2 s. N.
Lamballe : depuis 1886.

499.   **ÉXILÉ,** 1/2 s. N. (approuvé).
M. Lémée ; M. Surcouf.
Bb. 1882. — Normandie.
Par *Ximénès*, 1/2 s. N., et *Bergère*, 1/2 s. N.
Hennebont : depuis 1886.

500.   **FABIANO,** 1/2 s. N. — H. N.
B. 1839. — Normandie.
Par *The Juggler*, P. S. A., et une 1/2 s. N., par Talma, 1/2 s. A.
Lamballe : 1845.

501.   **FACTOTUM,** 1/2 s. N. — H. N.
B. 1839. — Normandie.
Par *Sauvage*, 1/2 s. N., et une fille de Saumon, 1/2 s. N.
Lamballe : 1843-1844.

502.   **FAIRFAX**, 1/2 s. N. — H. N.
B. 1833. — Orne
Par *Y. Rattler*, 1/2 s. A., et *Poosy*, P. S. A.
Langonnet : 1837.

503.   **FAKIR**, 1/2 s. Big. — H. N.
Al. 1883. — Hautes-Pyrénées.
Par *Pomponnet*, P. S. A. A. ou *Bruant*, P. S. A., et une 1/2 s. Big.
par Eyran, P. S. A. A.
Hennebont : 1887-1888.

504.   **FANCY-BOY**, 1/2 s. Norf. — H. N.
Aub. 1864. — Angleterre.
Par *Shales-Fire-Away*, 1/2 s. Norf., et une fille de
Baxter's-Performer, 1/2 s. Norf.
Hennebont : 1870-1885.

505.   **FATALISTE**, 1/2 s. N. — H. N.
Gr. 1839. — Normandie.
Par *Vautour*, 1/2 s. N., et une 1/2 s. N., par Jaggar, 1/2 s. A.
Lamballe : 1843-1848.

506.   **FAUNE**, 1/2 s. N. — H. N.
Bb. 1839. — Normandie.
Par *Sylvio*, P. S. A., et une 1/2 s. N., par Pretender, 1/2 s. A.
Langonnet : 1844-1845.

507.   **FÉLON**, 1/2 s. N. — H. N.
B. 1839. — Normandie.
Par *Octavius*, 1/2 s. A., et une 1/2 s. N., par Proselyte, 1/2 s. A.
Lamballe : 1843-1859.

508.   **FÉRÉOL**, 1/2 s. N. — H. N.
Gr. 1838. — Normandie.
Par *Quandros*, 1/2 s. N., et une 1/2 s. N., par Burgos, 1/2 s. A.
Lamballe : 1843-1864.

509.   **FERNANDO**, 1/2 s. N. — H. N.
B. 1839. — Normandie.
Par *Eastham*, P. S. A., et une jument du Cotentin.
Lamballe : 1843-1849.

510.   **FERRET**, ex-**FAISAN**, 1/2 s. N. — H. N.
Bb. 1883. — Calvados.
Par *Phare*, 1/2. s. N., et *Rosette*, 1/2 s. N., par Quotient, 1/2 s. N.
Sa grand'mère : fille de Dimanche, 1/2 s. N.
Lamballe : depuis 1887.

511. **FIGARO**, 1/2 s. N. — H. N.
B. 1882. — Manche.
Par *Lavater*, 1/2 s. N., et *Miss-of-Linne*, P. S. A.
Lamballe : depuis 1887.

512. **FILATEUR**, ex-**SULTAN**, 1/2 s. N. — H. N.
B. 1861. — Manche.
Par *William*, P. S. A., et une 1/2 s. N.
Lamballe : 1875.

513. **FIRE-AWAY**, 1/2 s. Norf. — H. N.
Al. 1863. — Angleterre.
Par *Fire-Away*, 1/2 s. Norf., et une fille de Champion, 1/2 s. Norf.
Lamballe : 1867.

514. **FIRE-KING**, 1/2 s. Norf. — H. N.
Al. 1868. — Angleterre.
Lamballe : 1872-1886.

515. **FIRMAN**, 1/2 s. N. — H. N.
Gr. 1838. — Manche.
Par *Eastham*, P. S. A., et une jument du Cotentin, par Éloquent,
1/2 s. N.
Langonnet : 1843-1845.

516. **FLIBUSTIER**, 1/2 s. N. — H. N.
Gr. 1839. — Orne.
Par *Oscar*, 1/2 s. N., et une 1/2 s. N.
Lamballe : 1843-1844.

517. **FLIBUSTIER**, 1/2 s. N. — H. N.
B. 1861. — Manche.
Par *Ugolin*, 1/2 s. N., et une 1/2 s. N., par Adolphus, P. S. A.
Lamballe : 1865-1874.

518. **FLORÉAL**, 1/2 s. N. — H. N.
B. 1839. — Normandie.
Par *Eastham*, P. S. A., et une 1/2 s. N., par Pope, 1/2 s. A.
Langonnet : 1843.

519. **FLYING-BUCK**, 1/2 s. A.
H. N., 1863. — (Approuvé.) — M. de Margeot, 1864.
F. P. 1851. — Angleterre.
Par *Huntingdon-Shales*, 1/2 s. A., et une fille de Prickwillow,
1/2 s. A.
Lamballe : 1863-1870.

520.   **FLYING-CLOUD**, 1/2 s. Norf. — H. N.
B. 1856. — Angleterre.
Lamballe : 1864-1879.

521.   **FORTUNÉ**, 1/2 s. N. — H. N.
B. 1863. — Manche.
Par *Kapirat*, 1/2 s. N., et une fille de Lionceau, 1/2 s. N.
Lamballe : 1867-1879.

522.   **FOURNI**, 1/2 s. N. — H. N.
B. 1859. — Manche.
Lamballe : 1865-1874.

523.   **FRAGON**, 1/2 s. N. — H. N.
B. 1839. — Orne.
Par *Xerxès*, 1/2 s. N., et une 1/2 s. N., par Jaggar, 1/2 s. A.
Lamballe : 1843.

524.   **FRONSAC**, ex-**FRIEDLAND**, 1/2 s. N.
H. N.
N. 1883. — Manche.
Par *Lavater*, 1/2 s. N., et *Pensée*, P. S. A.
Hennebont : 1887-1890.

525.   **FRONTIN**, 1/2 s. N. — H. N.
B. 1839. — Normandie.
Par *Emule*, 1/2 s. N., et une 1/2 s. N., par Y. Rattler, 1/2 s. A.
Lamballe : 1843-1845.

526.   **GALILÉE**, 1/2 s. N. — H. N.
Al. 1884. — Orne.
Par *Typique*, 1/2 s. N., et une 1/2 s. N., par Libérator, 1/2 s. A.
Hennebont : depuis 1888.

527.   **GALLUS**, ex-**NEWMARKET**, 1/2 s. N.
H. N.
Bb. 1884. — Eure.
Par *Rivoli*, 1/2 s. N., et *Nitta*, par Ipsilanty, 1/2 s. N.
Sa grand'mère : fille de Pledge, 1/2 s. N.
Hennebont : depuis 1888.

528.   **GASPARD**, 1/2 s. N. — H. N.
N. 1884. — Calvados.
Par *Valencourt*, 1/2 s. N., et *Niniche*, par Phaëton, 1/2 s. N.
Sa grand'mère : fille de Conquérant, 1/2 s. N.
Hennebont : depuis 1888.

529.   **GENGIS-KHAN,** 1/2 s. N. — H. N.
N. 1884. — Calvados.
Par *Valencourt*, 1/2 s. N., et *Commère*, par Normand, 1/2 s. N.
Sa grand'mère : fille de Conquérant, 1/2 s. N.
Lamballe : depuis 1888.

530.   **GENTIL,** 1/2 s. L. — H. N.
Al. 1833. — Limousin.
Par *Y. Mulcy*, 1/2 s. Ar., et une fille de Général, 1/2 s. L.
Langonnet : 1837-1841.

531.   **GENTLEMAN,** 1/2 s. N. — H. N.
Bb. 1884. — Calvados.
Par *Tigris*, 1/2 s. N., et *Baïonnette,* par Conquérant, 1/2 s. N.
Sa grand'mère : Victoire, P. S. A.
Hennebont : depuis 1889.

532.   **GÉRAUDEL,** ex-**GAËTAN,** 1/2 s. N. — H. N.
B. 1884. — Calvados.
Par *Rivoli*, 1/2 s. N., et *Walinda,* par Normand, 1/2 s. N.
Sa grand'mère : fille de Noteur, 1/2 s. N.
Hennebont : depuis 1888.

533.   **GÉRONTE.** 1/2 s. N. — H. N.
Bb. 1840. — Normandie.
Par *Paradox*, P. S. A., et une fille d'Impérieux, 1/2 s. N.
Langonnet : 1845.

534.   **GIRONDIN,** 1/2 s. N. — H. N.
Gr. 1839. — Normandie.
Par *Railleur*, 1/2 s. N., et une fille d'Oscar, 1/2 s. N.
Lamballe : 1844-1855.

535.   **GLANEUR,** 1/2 s. N. — H. N.
B. 1840. — Normandie.
Par *Xerxès*, 1/2 s. N., et une 1/2 s. N.
Lamballe : 1845-1846. — Langonnet : 1846.

536.   **GOBERT,** 1/2 s. N. — H. N.
Gr. 1839. — Normandie.
Par *Biron*, P. S. A., et une 1/2 s. N., par Chapman, 1/2 s. A.
Lamballe : 1844-1851.

537.   **GOBILLARD,** 1/2 s. N. — H. N.
Gr. 1839. — Normandie.
Par *Xerxès*, 1/2 s. N., et une 1/2 s. N.
Lamballe : 1844-1857.

31

538.   **GODIN**, 1/2 s. N. — H. N.
Gr. 1839. — Normandie.
Par *Emule*, 1/2 s. N., et une 1/2 s. N.
Lamballe : 1844-1847.

539.   **GOLDEN-ECLIPSE**, 1/2 s. A. — H. N.
B. 1847. — Angleterre.
Par *Y. Eclipse*, 1/2 s. A., et une 1/2 s. N., par Old-Président,
1/2 s. A.
Lamballe : 1852-1860 (Abbeville en 1861).

540.   **GOLDEN-LEAF**, 1/2 s. A. — H. N.
B. 1861. — Angleterre.
Par *Y. Shales*, 1/2 s. A., et une fille de Tom-Moody,
1/2 s. A.
Lamballe : 1867-1868 (La Roche-sur-Yon en 1869).

541.   **GOOD**, ex-**GABELOU**, 1/2 s. N. — H. N.
Al. 1884. — Calvados.
Par *Niger*, 1/2 s. N., et *Passante*, par Normand, 1/2 s. N.
Sa grand'mère : fille de Vice-Roi, 1/2 s. N.
Hennebont : depuis 1888.

542.   **GOOD-BY**, ex-**PRETENDER**, 1/2 s. Norf.
H. N.
B. 1869. — Angleterre.
Par *Highflyer*, 1/2 s. Norf., et une fille d'Hero, 1/2 s. Norf.
Hennebont : depuis 1877.

543.   **GOOD-NIGHT**, ex-**PERFORMER**,
1/2 s. Norf. — H. N.
B. 1873. — Angleterre.
Par *Shiffitt-Perfection*, 1/2 s. Norf., et une fille de Scot's-Fire-Away,
1/2 s. Norf.
Hennebont : 1877-1883.

544.   **GOURMET**, 1/2 s. N. — H. N.
B. 1839. — Normandie.
Par *Urgent*, 1/2 s. N., et une 1/2 s. N., par Talma, 1/2 s. A.
Lamballe : 1844-1858.

545.   **GRACIEUX**, 1/2 s. N. — H. N.
Al. 1884. — Manche.
Par *Usuel*, 1/2 s. N., et *Jacksone*, 1/2 s. N., par Jackson, 1/2 s. A.
Sa grand'mère : fille de Nemrod, 1/2 s. N.
Hennebont : depuis 1888.

546.   **GREAT-GUN**, 1/2 s. A. — H. N.
Al. 1876. — Angleterre.
Lamballe : depuis 1882.

547.   **GRÉGOIRE**, 1/2 s. N. — H. N.
B. 1839. — Normandie.
Par *Chasseur*, 1/2 s. N., et une 1/2 s. N., par North-Star, 1/2 s. A.
Langonnet : 1844-1849.

548.   **GREY-SHALES**, 1/2 s. Norf. — H. N.
Gr. 1840. — Angleterre.
Par *Old-Grey-Shales*, 1/2 s. A., et une fille de Grey-Atlas,
1/2 s. Norf.
Hennebont : 1851-1859

549.   **GRIOT**, 1/2 s. N. — H. N.
Gr. 1839. — Normandie.
Par *Quandros*, 1/2 s. N., et une 1/2 s. N., par Chapman, 1/2 s. A.
Lamballe : 1844-1849.

550.   **GRIS-GRIS**, 1/2 s. N. — H. N.
Gr. 1839. — Normandie.
Par *Sylvio*, P. S. A., et une jument du Cotentin.
Langonnet : 1844.

551.   **GRISON**, 1/2 s. N. — H. N.
Gr. 1839. — Normandie.
Par *Pretender*, 1/2 s. A., et une 1/2 s. N., par Sandy, 1/2 s. A.
Langonnet : 1844-1847.

552.   **GROSVILLE**, 1/2 s. N. — H. N.
B. 1869. — Manche.
Par *Martel-en-Tête*, P. S. A., et une 1/2 s. N., par Rozel, 1/2 s. N.
Hennebont : 1874-1884.

553.   **GUIGNOLET**, 1/2 s. N. — H. N.
B. 1884. — Orne.
Par *Vichnou*, P. S. A., et une fille de Taconnet, 1/2 s. N.
Sa grand'mère : fille d'Esculape, 1/2 s. N.
Hennebont : depuis 1888.

554.   **GYAS**, 1/2 s. N. — H. N.
Al. 1840. — Normandie.
Par *Oscar*, 1/2 s. N., et une 1/2 s. N., par Jaggar, 1/2 s. A.
Lamballe : 1845-1848.

555.   **HALÉVY**, ex-**BALTHAZAR**, 1/2 s. N.
B. 1885.   Calvados.
Par *Valencourt*, 1/2 s. N., et *Victoria*, par Noville, 1/2 s. N.
Sa grand'mère : fille de Conquérant, 1/2 s. N.
Lamballe : depuis 1889.

556.   **HALO**, 1/2 s. N. — H. N.
B. 1885. — Manche.
Par *Lavater*, 1/2 s. N., et *Miss-of-Linne*, P. S. A.
Hennebont : depuis 1889.

557.   **HAMAC**, ex-**HÉRAUT**, 1/2 s. N. — H. N.
Aub. 1885. — Manche.
Par *Usuel*, 1/2 s. N., et *Cocotte*, 1/2 s. N., par Jackson, 1/2 s. A.
Sa grand'mère : fille d'Elu, 1/2 s. N.
Lamballe : depuis 1889.

558.   **HAMADAN**, 1/2 s. N. — H. N.
Bb. 1885. — Calvados.
Par *Cuprara* ou *Arsace*, 1/2 s. N., et *Mignonne*, par Roncevaux,
1/2 s. N.
Hennebont : depuis 1889.

559.   **HAMBOURG**, 1/2 s. N. — H. N.
Al. 1863. — Calvados.
Par *Succès*, 1/2 s. N., et une 1/2 s. N., par Marengo, P. S. A. A.
Hennebont : 1868-1879.

560.   **HAMEL**, 1/2 s. N. — H. N.
Bb. 1841. — Normandie.
Par *Doyen*, 1/2 s. N., et une 1/2 s. N., par Jaggar, 1/2 s. A.
Langonnet : 1846.

561.   **HARKAWAY**, 1/2 s. A. — H. N.
Gr. 1839. — Angleterre.
Par *Whalebone*, P. S. A., et une 1/2 s. A.
Lamballe : 1855-1857.

562.   **HARRIS**, 1/2 s. N. — H. N.
B. 1840. — Manche.
Par *Dorus*, 1/2 s. N., et une 1/2 s. N., par Eastham, P. S. A.
Lamballe : 1845.

563.   **HASARDEUX**, 1/2 s. N. — H. N.
B. 1841. — Normandie.
Par *Fortuné*, P. S. A., et une 1/2 s. N., par Y. Rattler, 1/2 s. A.
Langonnet : 1846-1852.

564.   **HASARDEUX**, 1/2 s. Carr. — H. N.
B. 1885. — Loire-Inférieure.
Par *Hippomène*, 1/2 s. du Midi, et *Donzelle*, par Trésorier, 1/2 s. N.
Sa grand'mère : fille d'Irlandais, 1/2 s. N.
Hennebont : depuis 1889.

565.   **HÉGÉSIPPE**, 1/2 s. N. — H. N.
Bb. 1841. — Orne.
Par *Friedland*, P. S. A., et une fille d'Oscar, 1/2 s. N.
Hennebont : 1852-1855.

566.   **HÉLIODORE**, 1/2 s. N. — H. N.
B. 1841. — Calvados.
Par *Railleur*, 1/2 s. N., et une 1/2 s. N.
Lamballe : 1845-1850.

567.   **HÉLIOTROPE**, 1/2 s. N. — H. N.
B. 1885. — Calvados.
Par *Valencourt*, 1/2 s. N., et *Jeanne-d'Arc*, par Conquérant, 1/2 s. N.
Sa grand'mère : fille de The Heir-of-Linne, P. S. A.
Lamballe : depuis 1889.

568.   **HÉNAULT**, 1/2 s. N. — H. N.
Al. 1841. — Orne.
Par *Friedland*, P. S. A., et une fille d'Oscar, 1/2 s. N.
Lamballe : 1845-1855.

569.   **HENRI**, 1/2 s. N. — H. N.
Bb. 1884. — Calvados.
Par *Unal*, 1/2 s. N., et *Normandie*, par Normand, 1/2 s. N.
Hennebont : depuis 1888.

570.   **HEPHESTION**, 1/2 s. N. — H. N.
Gr. 1841. — Orne.
Par *Y. Emilius*, P. S. A., et une 1/2 s. N., par Jaggar, 1/2 s. A
Lamballe : 1845-1854.

571.   **HERBONVILLE**, 1/2 s. N. — H. N.
Gr. 1841. — Normandie.
Par *Oscar*, 1/2 s. N., et une 1/2 s. N., par Jaggar, 1/2 s. A.
Langonnet : 1845.

572.   **HERCULE**, 1/2 s. L. — H. N.
B. 1834. — Haute-Vienne.
Par *Harlequin*, P. S. A., et une 1/2 s. L., par Y. Wandick-Junior.
Langonnet : 1842-1843. — Lamballe : 1843-1857.

573.   **HERCULE**, 1/2 s. N. — H. N.
Gr. 1838. — Normandie.
Par *Saint-Patrick*, 1/2 s. A., et une 1/2 s. N.
Langonnet : 1842-1849.

574.   **HERMÈS**, ex-**HERCULE**, 1/2 s. N. — H. N.
B. 1863. — Calvados.
Par *Commandeur*, 1/2 s. N., et une 1/2 s. N., par Tipple-Cider,
P. S. A.
Lamballe : 1867-1872.

575.   **HERMÈS**, 1/2 s. N. — H. N.
B. 1885. — Calvados.
Par *Rivoli*, 1/2 s. N., et *Walinda*, 1/2 s. N., par Normand, 1/2 s. N.
Lamballe : depuis 1890.

576.   **HERMION**, 1/2 s. N. — H. N.
Bb. 1840. — Orne.
Par *Paradox*, P. S. A., et une 1/2 s. N., par Sylvio, P. S. A.
Langonnet : 1845. — Lamballe : 1860-1865.

577.   **HÉRODOTE**, 1/2 s. N. — H. N.
Bb. 1863. — Calvados.
Par *Moustique*, 1/2 s. N., et une 1/2 s. N.
Hennebont : 1867-1871.

578.   **HÉRON**, 1/2 s. N. — H. N.
Gr. 1841. — Orne.
Par *Benvenuto*, 1/2 s. N., et une 1/2 s. N., par D.-I.-O., P. S. A.
Lamballe : 1845-1848.

579.   **HISTRION**, 1/2 s. N. — H. N.
B. 1841. — Orne.
Par *Benvenuto*, 1/2 s. N., et une 1/2 s. N., par D.-I.-O., P. S. A.
Lamballe : 1845-1848.

580.   **HOLOPHERNE**, 1/2 s. N. — H. N.
Bb. 1841. — Calvados.
Par *Egrillard*, 1/2 s. N., et une 1/2 s. N., par Lucholl, 1/2 s. A.
Lamballe : 1845-1852.

581.   **HOMME-DE-CŒUR**, 1/2 s. N. — H. N.
Ro. 1863. — Orne.
Par *The Norfolk-Phœnomenon*, 1/2 s. A., et *Dame-de-Cœur*,
1/2 s. N., par Wildfire, 1/2 s. A.
Hennebont : 1867-1870.

582. **HONESTUS**, 1/2 s. N. — H. N.
Bb. 1840. — Normandie.
Par *Xerxès*, 1/2 s. N., et une fille de Vaillant, 1/2 s. N.
Lamballe : 1845-1846.

583. **HONFLEUR**, 1/2 s. V. — H. N.
Ro. 1885. — Vendée.
Par *Nectar*, 1/2 s. N., et une 1/2 s. V., par Urville, 1/2 s. N.
Sa grand'mère : 1/2 s. V., par Jambes-d'Argent, 1/2 s. N.
Hennebont : depuis 1889.

584. **HOUDON**, 1/2 s. N. — H. N.
B. 1863. — Orne.
Par *Centaure*, 1/2 s. N., et une fille d'Umber, 1/2 s. N.
Lamballe : 1867 (La Roche-sur-Yon en 1868).

585. **HOURA**, 1/2 s. N. — H. N.
B. 1840. — Normandie.
Par *The Juggler*, P. S. A., et une 1/2 s. N., par Proselyte, 1/2 s. A.
Langonnet : 1846-1847.

586. **HUTIN**, 1/2 s. L. — H. N.
Al. 1834. — Haute-Vienne.
Par *Harlequin*, P. S. A., et *Folie*, 1/2 s. L., par Y. Muley, 1/2 s. Ar.
Lamballe : 1843-1852.

587. **HYLAS**, 1/2 s. N. — H. N.
B. 1841. — Normandie.
Par *The Drum-Major*, 1/2 s. A., et une 1/2 s. N., par Proselyte,
1/2 s. A.
Langonnet : 1845-1847.

588. **HYPERMNESTRE**, 1/2 s. N. — H. N.
Al. 1863. — Sarthe.
Par *Utrecht*, 1/2 s. N., et une fille de Kramer, 1/2 s. N.
Lamballe : 1868-1872.

589. **IBÉRIEN**, 1/2 s. N. — H. N.
B. 1864. — Calvados.
Par *Bassompierre*, 1/2 s. N., et une fille de Riga, 1/2 s. N.
Hennebont : 1868-1881.

590. **IBIS**, 1/2 s. L. — H. N.
Gr. 1871. — Haute-Vienne.
Par *Zouave*, P. S. A., et une 1/2 s. L., par Rabdan, P. S. Ar.
Lamballe : 1876-1879.

591. **IBRAHIM**, 1/2 s. Ar. — H. N.
Gr. 1859. — Afrique.
Lamballe : 1872-1878.

592. **IDALUS**, 1/2 s. N. — H. N.
Ro. 1842. — Normandie.
Par *Impérieux*, 1/2 s. N., et une 1/2 s. N., par Jaggar, 1/2 s. A.
Lamballe : 1846-1847.

593. **IGNORÉ**, 1/2 s. N — H. N.
Bb. 1842. — Calvados.
Par *Emule*, 1/2 s. N., et une 1/2 s. N., par Cleveland, 1/2 s. A.
Lamballe : 1846.

594. **IMAGE**, 1/2 s. N. — H. N.
B. 1841. — Orne.
Par *Y. Emilius*, P. S. A., et une 1/2 s. N., par Lucholl, 1/2 s. A.
Lamballe : 1853.

595. **IMPAIR**, ex-**IRIS**, 1/2 s. N. — H. N.
B. 1886. — Calvados.
Par *Oglio*, 1/2 s. N., et *Ragote*, par Rocroi, 1/2 s. N.
Sa grand'mère : fille d'Encenseur, 1/2 s. N.
Lamballe : depuis 1890.

596. **IMPATIENT**, 1/2 s. N. — H. N.
B. 1842. — Normandie.
Par *December*, 1/2 s. N., et une 1/2 s. N.
Lamballe : 1846-1854.

597. **IMPORTANT**, 1/2 s. N. — H. N.
B. 1864. — Orne.
Par *Thorigny*, 1/2 s. N., et une fille de Diomède, 1/2 s. N.
Lamballe : 1868-1872.

598. **INACHUS**, 1/2 s. N. — H. N.
B. 1842. — Normandie.
Par *Voltaire*, 1/2 s. N., et une 1/2 s. N., par Cleveland, 1/2 s. A.
Langonnet : 1846-1852.

599. **INCISIF**, ex-**ILLICO**, 1/2 s. N. — H. N.
B. 1886. — Manche.
Par *Shamrock*, 1/2 s. A., et *Lisette*, par Hunter, 1/2 s. N.
Sa grand'mère : fille d'Orgueilleux, 1/2 s. N.
Hennebont ; depuis 1889.

600.   **INCONNU**, 1/2 s. N. — H. N.
Al. 1841. — Orne.
Par *Pick-Pocket*, .P. S. A., et une 1/2 s. N.
Lamballe : 1846-1849 (Villeneuve-sur-Lot en 1849).

601.   **INDIEN**, 1/2 s. N. — H. N.
Gr. 1842. — Normandie.
Par *Railleur*, 1/2 s. N., et une 1/2 s. N., par Y. Rattler, 1/2 s. A.
Langonnet : 1848-1849.

602.   **INDOMPTÉ**, ex-**IRMINSUL**, 1/2 s. N. — H. N.
Bb. 1886. — Calvados.
Par *Seymour*, 1/2 s. N., et *Julie*, par Phare, 1/2 s. N.
Sa grand'mère : fille d'Éloi, 1/2 s. N.
Lamballe : depuis 1890.

603.   **INFAILLIBLE**, 1/2 s. N. — H. N.
B. 1864. — Orne.
Par *Solide*, 1/2 s. N., et une fille de Prince, 1/2 s. N.
Lamballe : 1868-1873.

604.   **INGOUVILLE**, 1/2 s. N. — H. N.
B. 1842. — Normandie.
Par *Galantin*, 1/2 s. N., et une 1/2 s. N., par Topping.
Lamballe : 1846-1851.

605.   **INGRES**, 1/2 s. N. — H. N.
Al. 1864. — Manche.
Par *Royal-Quand-Même*, P. S. A., et une fille d'Ugolin, 1/2 s. N
Lamballe : 1868-1882.

606.   **INKERMANN**, 1/2 s. N. — H. N.
B. 1886. — Calvados.
Par *Phaëton*, 1/2 s. N., et *Abeille*, par Interprète, 1/2 s. N.
Sa grand'mère : fille de Montfort, P. S. A.
Lamballe : depuis 1890.

607.   **INNOCENT**, 1/2 s. N. — H. N.
B. 1864. — Calvados.
Par *Lahore*, 1/2 s. A., et une fille de Grosley, 1/2 s. N.
Lamballe : 1868-1869.

608.   **INO**, 1/2 s. N. — H. N.
Al. 1864. — Normandie.
Par *Dagobert*, 1/2 s. N., et une fille de Succès, 1/2 s. N.
Lamballe : 1868-1883.

609. **INSIDIEUX,** 1/2 s. N. — H. N.
B. 1842. — Normandie.
Par *Biron*, P. S. A., et une 1/2 s. N., par Lucholl, 1/2 s. A.
Langonnet : 1846-1849.

610. **INTÈGRE,** 1/2 s. N. — H. N.
B. 1886. — Manche.
Par *Astyanax*, 1/2 s. N., et *Lisette*, par Patrice, 1/2 s. N.
Sa grand'mère : fille de Sackos, 1/2 s. N.
Hennebont : depuis 1889.

611. **IRIS,** 1/2 s. N. — H. N.
Al. 1864. — Orne.
Par *Serenader*, 1/2 s. A., ou *Solide*, 1/2 s. N.,
et une fille de Paradis, 1/2 s. N.
Lamballe : 1868-1869.

612. **IRUS,** 1/2 s. Char. — H. N.
B. 1886. — Charente-Inférieure.
Par *Centaure*, 1/2 s. N., et une 1/2 s. Char., par Python, 1/2 s. N.
Hennebont : 1890.

613. **ISIDORE,** 1/2 s. N. — H. N.
B. 1842. — Manche.
Par *Camisard*, 1/2 s. N., et une fille de Pégase, 1/2 s. N,
Lamballe : 1846-1860.

614. **ISLINGTON,** 1/2 s. A. — H. N.
B. 1861. — Angleterre.
Hennebont : 1867-1877.

615. **ITON,** ex-**ILLUSTRE,** 1/2 s. Char. — H. N.
B. 1886. — Charente-Inférieure.
Par *Valdempierre*, 1/2 s. N., et *Cybèle*, 1/2 s. N.,
par Norfolk-Trotter, 1/2 s. A.
Hennebont : depuis 1890.

616. **IVAN,** 1/2 s. N. — H. N.
Bb. 1842. — Normandie.
Par *Chasseur*, 1/2 s. N., et une 1/2 s. N., par Lucholl, 1/2 s. A.
Langonnet : 1846-1852.

617. **IVARY,** 1/2 s. N. — H. N.
B. 1864. — Orne.
Par *Taconnet*, 1/2 s. N., et une fille de Grenadier, 1/2 s. N.
Lamballe : 1868-1873.

618.   **IVRY**, 1/2 s. N. — H. N.
B. 1886. — Manche.
Par *Lavater*. 1/2 s. N., et *Augustine*, P. S. A., par Auguste.
Lamballe : depuis 1890.

619.   **IZARD**, 1/2 s. N. — H. N.
B. 1842. — Normandie.
Par *Voltaire*, 1/2 s. N., et une 1/2 s. N., par Lucholl. 1/2 s. A.
Langonnet : 1846.

620.   **IZÉRON**, ex-**ILLICO**, 1/2 s. V. — H. N.
Aub. 1886. — Vendée.
Par *Desgenettes*, 1/2 s. V., et *Devise*, par Tigris, 1/2 s. N.
ou Matchless, 1/2 s. A.
Lamballe : depuis 1890.

621.   **JACQUES-MAY**, 1/2 s. N. — H. N.
Bb. 1861. — Orne.
Par *The Norfolk-Phœnomenon*, 1/2 s. A., et une 1/2 s. Irl.
Lamballe : 1865-1881.

622.   **JARGON**, ex-**JASMIN**, 1/2 s. Char. — H. N.
Bb. 1887. — Charente-Inférieure.
Par *Decrescendo*, 1/2 s. N., et *Biche*, 1/2 s. N., par Bissextil,
P. S. A.
Hennebont : depuis 1891.

623.   **JARNI-DIEU**, 1/2 s. N. — H. N.
Bb. 1865. — Manche.
Par *Beaumanoir*, 1/2 s. N., et une 1/2 s. N.
Lamballe : 1865-1885.

624.   **JEAN-LE-BON**, ex-**JASON**, 1/2 s. N. — H. N.
B. 1887. — Orne.
Par *Cherbourg*, 1/2 s. N., et *Uranie*, par Niger, 1/2 s. N.
Lamballe : depuis 1890.

625.   **JEAN-SANS-TERRE** 1/2 s. N. — H. N.
N. 1887. — Orne.
Par *Valdempierre* ou *Phaëton*, 1/2 s. N., et *Queen*, par Eclipse,
1/2 s. N.
Hennebont : depuis 1891.

626.   **JÉHOVAH**, 1/2 s. N. — H. N.
Al. 1865. — Calvados.
Par *Extase*. 1/2 s. N., et une fille de Memnon, 1/2 s. N.
Hennebont : 1868-1875.

627.   **JENNER**, 1/2 s. N. — H. N.
N. 1887. — Manche.
Par *Betting*, 1/2 s. N., et *Margot*, par Producteur, 1/2 s. N.,
Hennebont : depuis 1891.

628.   **JEPHTÉ**, 1/2 s. N. — H. N.
B. 1865. — Calvados.
Par *Carignan*, 1/2 s. N., et une fille de Kosack, 1/2 s. N.
Lamballe : 1869-1870.

629.   **JÉRÉMIE**, ex-**JOURDAN**, 1/2 s. N. — H. N.
Al. 1887. — Orne.
Par *Usquebac*, 1/2 s. N., et *Florentine*, par Quiclet, 1/2 s. N.
Lamballe : depuis 1890.

630.   **JOAD**, ex-**JASMIN**, 1/2 s. Char. — H. N.
Bb. 1887. — Charente-Inférieure.
Par *Orphéon*, 1/2 s. N., et *Africaine*, 1/2 s. Char., par Páris,
1/2 s. N.
Sa grand'mère : 1/2 s. V., par Obéron, 1/2 s. N.
Hennebont : depuis 1891.

631.   **JOHN**, 1/2 s. A. — H. N.
Al. 1850. — Angleterre.
Par *Phœnomenon*, 1/2 s. Norf., et une fille de Shales, 1/2 s. A.
Lamballe : 1862-1871.

632.   **JOQUELET**, 1/2 s. N. — H. N.
Gr. 1843. — Orne.
Par *Ardoisé*, 1/2 s. N., et une fille d'Oscar, 1/2 s. N.
Lamballe : 1854-1856.

633.   **JUBA**, ex-**JOCKO**, 1/2 s. V. — H. N.
B. 1887. — Vendée.
Par *Nectar*, 1/2 s. N., et *Hélène*, 1/2 s. V., par Passe-Père, P. S. A.
Sa grand'mère : 1/2 s. V., par Jacquard, 1/2 s. N.
Hennebont : depuis 1891.

634.   **JUNIPER-OF-ELY**, 1/2 s. Norf. — H. N.
B. 1885. — Angleterre.
Par *Fire-Away*, 1/2 s. Norf., et une fille de Perfection, 1/2 s. Norf.
Lamballe : depuis 1890.

635.   **JUPIN**, 1/2 s. N. — H. N.
B. 1887. — Manche.
Par *Shamrock*, 1/2 s. A., et *Vigilante*, par Hélios, 1/2 s. N.

636.   **KAFTAL**, 1/2 s. Big. — H. N.
B. 1836. — Hautes-Pyrénées.
Par *Saklavi-Hamdani*, P. S. Ar., et une 1/2 s. Big., par Vidvid.
Lamballe : 1845-1849.

637.   **KALI**, 1/2 s. N. — H. N.
Bb. 1843. — Calvados.
Par *Richard*, P. S. A., et une 1/2 s. N., par Bob-Warwick,
1/2 s. A.
Lamballe : 1850-1851.

638.   **KAPEL**, 1/2 s. N. — H. N.
Gr. 1844. — Normandie.
Par *Biron*, P. S. A., et une fille d'Oscar, 1/2 s. N.
Langonnet : 1848.

639.   **KENSINGTON**, 1/2 s. A. — H. N.
Aub. 1878. — Angleterre.
Lamballe : 1883-1887.

640.   **KEPPLER**, 1/2 s. N. — H. N.
Gr. 1843. — Orne.
Par *Doyen*, 1/2 s. N., et une fille d'Impérieux, 1/2 s. N.
Lamballe : 1848-1855.

641.   **KÉRATAN**, 1/2 s. N. — H. N.
B. 1844. — Normandie.
Par *Xerxès*, 1/2 s. N., et une 1/2 s. N., par Biron, P. S. A.
Langonnet : 1848.

642.   **KERFLOCH**, 1/2 s. N. — H. N.
Gr. 1841. — Normandie.
Par *Y. Emilius*, P. S. A., et une 1/2 s. N.
Langonnet : 1848.

643.   **KERGUESEC**, 1/2 s. N. — H. N.
Gr. 1844. — Normandie.
Par *Icare*, 1/2 s. N., et une 1/2 s. N.
Langonnet : 1848.

644.   **KERREDDINE**, 1/2 s. L. — H. N.
Al. 1883. — Creuse.
Par *Amrani*, P. S. Ar., et une 1/2 s. L., par Kélif, P. S. Ar.
Hennebont : 1887-1888.

645.   **KERVIGNAC**, 1/2 s. N. — H. N.
Gr. 1843. - Normandie
Par *Xerxès*, 1/2 s. N., et une fille de Nourricier, 1/2 s. N.
Langonnet : 1848-1851.

646.   **KINIQUE**, 1/2 s. N. — H. N.
Al. 1844. — Calvados.
Par *Don-Quichotte*, P. S. A. A., et une 1/2 s. N.
Lamballe : 1848-1849 (Villeneuve-sur-Lot en 1850).

647.   **KIRSCH**, 1/2 s. N. — H. N.
Gr. 1843. — Orne.
Par *Friedland*, P. S. A., et une 1/2 s. N., par Y. Rattler,
1/2 s. A.
Lamballe : 1848-1859.

648.   **KLOPSTOCK**, 1/2 s. N. — H. N.
Al. 1844. — Orne.
Par *Doyen*, 1/2 s. N., et une fille d'Oscar, 1/2 s. N.
Lamballe : 1848-1859. — Hennebont : 1860.

649.   **KOSIUSKI**, 1/2 s. N. — H. N.
B. 1844 — Normandie.
Par *Sylvio*, P. S. A., et une fille d'Oscar, 1/2 s. N.
Lamballe : 1848-1849.

650.   **KOSROÈS**, 1/2 s. L. — H. N.
Al. 1883. — Haute-Vienne.
Par *Bambou*, P. S. Ar., et une 1/2 s. L., par Alcoran, P. S. Ar.
Hennebont : depuis 1887.

651.   **KRESTOFFSKI**, 1/2 s. Orl. — H. N.
Gr. 1865. — Russie.
Lamballe : 1870-1876.

652   **KUSKO**, 1/2 s. Big. — H. N.
Al. 1875. — Hautes-Pyrénées.
Par *Bind*, P. S. A., et une 1/2 s. Big., par Lamartine, P. S. A.
Lamballe : 1879-1880.

653.   **LABYRINTHE**, 1/2 s. N. — H. N.
B. 1845. — Calvados.
Par *Xerxès*, 1/2 s. N., et une fille d'Emule, 1/2 s. N.
Langonnet : 1849-1853.

654.   LANCASTRE, 1/2 s. Navarrais. — H. N.
B. 1828. — Midi.
Par *Brigand*, P. S. A., et une jument navarraise, par Favori, 1/2 s. N.
Langonnet : 1832-1840.

655.   LANCASTRE, 1/2 s. N. — H. N.
Bb. 1867. — Normandie.
Par *Noteur*, 1/2 s. N., et une 1/2 s. N.
Lamballe : 1872.

656.   LANCIER, 1/2 s. N. — H. N.
B. 1845. — Calvados.
Par *Sylvino*, 1/2 s. N., et une 1/2 s. N., par Friedland, P. S. A.
Langonnet : 1849.

657.   LANDSEER, 1/2 s. Norf. — H. N.
Bb. 1869. — Angleterre.
Par *Fire-Away*, 1/2 s. Norf., et une fille d'Old-Fire-Away,
1/2 s. Norf.
Lamballe : 1876-1881.

658.   LÉON, 1/2 s. N. — H. N.
B. 1845. — Manche.
Par *Diomède*, 1/2 s. N., et une 1/2 s. N.
Langonnet : 1849-1853.

659.   LESNEVEN, 1/2 s. N. — H. N.
B. 1840. — Normandie.
Par *Eastham*, P. S. A., et une fille de Ramoneur, 1/2 s. N.
Langonnet : 1844-1850.

660.   LÉZARD, 1/2 s. N. — H. N.
Bb. 1843. — Calvados.
Par *Favori*, 1/2 s. N., et une 1/2 s. N., par Pick-Pocket, P. S. A.
Lamballe : 1849-1854.

661.   LIGUEUR, 1/2 s. N. — H. N.
B. 1844. — Calvados.
Par *Chasseur*, 1/2 s. N., et une fille de Voltaire, 1/2 s. N.
Lamballe : 1849-1854.

662.   LILAS, 1/2 s. N. — H. N.
B. 1845. — Orne.
Par *Friedland*, P. S. A., et une fille d'Eclatant, 1/2 s. N.
Langonnet : 1849-1852.

663.   **LINON**, 1/2 s. N. — H. N.
B. 1845. — Normandie.
Par *Comminges*, P. S. A., et une 1/2 s. N., par Marengo,
P. S. A. A.
Langonnet : 1849.

664.   **LONGPRÉ**, 1/2 s. N. — H. N.
Al. 1850. — Calvados.
Par *Tipple-Cider*, P. S. A., et *Taglioni*, 1/2 s. N.
Lamballe : 1854-1869.

665. **LORD-OF-THE-MANOR**, 1/2 s. Norf. — H. N.
Al. 1868. — Angleterre.
Par Y. *Quick-Sylver*, 1/2 s. Norf., et une fille de Fire-Away,
1/2 s. Norf.
Lamballe : 1875-1887.

666.   **LUBIN**, 1/2 s. N. — H. N.
Gr. 1845. — Orne.
Par *Harlequin*, P. S. A., et une fille d'Oscar, 1/2 s. N.
Lamballe : 1849-1860.

667.   **LUCIUS**, 1/2 s. N. — H. N.
B. 1844. — Orne.
Par *Friedland*, P. S. A., et une fille de Railleur, 1/2 s. N.
Langonnet : 1849-1853.

668.   **LULLI**, 1/2 s. N. — H. N.
B. 1845. — Calvados.
Par *Voltaire*, 1/2 s. N., et une fille d'Emule, 1/2 s. N.
Langonnet : 1849.

669.   **LUTTEUR**, 1/2 s. N. — H. N.
Al. 1845. — Orne.
Par *Hercule*, P. S. A., et une 1/2 s. N., par Buffalo, 1/2 s. A.
Langonnet : 1849.

670.   **LYCARIS**, 1/2 s. N. — H. N.
B. 1845. — Normandie.
Par *Extrême*, 1/2 s. N., et une fille d'Oscar, 1/2 s. N.
Langonnet : 1849-1850.

671.   **LYCÉEN**, 1/2 s. N. — H. N.
B. 1842. — Calvados.
Par *Félix*, P. S. A., et une 1/2 s. N., par Y. Topper, 1/2 s. A.
Hennebont : 1853-1859.

672.   **MAC-IVOR**, 1/2 s. L. — H. N.
Al. 1835. — Haute-Vienne.
Par *Harlequin*, P. S. A., et *Vesta*, 1/2 s. L., par Bijou.
Langonnet : 1842-1851.

673.   **MAGICIEN**, 1/2 s. N. — H. N.
B. 1845. — Normandie.
Par *Marengo*, P. S. A., et une 1/2 s. N., par Talma, 1/2 s. A.
Langonnet : 1850.

674.   **MAGISTER**, 1/2 s. N. — H. N.
B. 1845. — Normandie.
Par *Eclair*, 1/2 s. N., et une 1/2 s. N., par Chapman, 1/2 s. A.
Langonnet : 1850.

675.   **MAGNY**, 1/2 s. N. — H. N.
Gr. 1868. — Calvados.
Par *Gotha*, 1/2 s. N., et *Opale*, P. S. Ar.
Hennebont : depuis 1872.

676.   **MANASSÉ**, 1/2 s. Big. — H. N.
Gr. 1877. — Hautes-Pyrénées.
Par *Damas*, P. S. Ar., et une 1/2 s. Big., par Fana, P. S. Ar.
Hennebont : 1881-1887.

677.   **MANCHON**, 1/2 s. N. — H. N.
Gr. 1845. — Normandie.
Par *Vautour*, 1/2 s. N., et une 1/2 s., par Radamanthe.
Langonnet : 1850.

678.   **MARAVÉDIS**, 1/2 s. N. — H. N.
Gr. 1845. — Manche.
Par *Railleur*, 1/2 s. N., et une fille de Birmingham, 1/2 s. N.
Lamballe : 1850-1852.

679.   **MARCEL**, 1/2 s. Big. — H. N.
Gr. 1838. — Hautes-Pyrénées.
Par *Cammach*, P. S. Ar., et *Ourfaline*, 1/2 s. Big., par Ourfali,
1/2 s. Big.
Lamballe : 1850-1852.

680.   **MAROUFLE**, 1/2 s. N. — H. N.
B. 1846. — Calvados.
Par *Voltaire*, 1/2 s. N., et une fille d'Emule, 1/2 s. N.
Lamballe : 1850-1851.

32

681.   **MARQUIS**, 1/2 s. A. — H. N.
Al, 1854. — Angleterre.

Lamballe : 1863-1868 (La Roche-sur-Yon en 1869).

682.   **MARSYAS**, 1/2 s. N. — H. N.
Gr. 1846. — Orne.
Par *Y. Emilius*, P. S. A.. et une fille de Cancan, 1/2 s. N.
Lamballe : 1850-1864.

683.   **MASTER**, 1/2 s. N. — H. N.
Al. 1867. — Normandie.
Par *Trouville*, P. S. A., et une fille de Socrate, 1/2 s. N.
Lamballe : 1872-1882.

684.   **MAX**, 1/2 s. N. — H. N.
B. 1845. — Normandie.
Par *Hipparque*, 1/2 s. N., et une fille de Bitume, 1/2 s. N.
Langonnet : 1850.

685.   **MERCŒUR**, 1/2 s. N. — H. N.
B. 1845. — Normandie.
Par *Chasseur*, 1/2 s. N., et une 1/2 s. N., par Jaggar, 1/2 s. A.
Langonnet : 1850-1851.

686.   **MERSAY**, ex-**THAMES**, 1/2 s. A. — H. N.
Bb. 1877. — Angleterre.

Lamballe : 1882-1890.

687.   **METEOR**, 1/2 s. A. — H. N.
B. 1886. — Angleterre.
Par *White-Stockings*, 1/2 s. A., et *Queen-Midas*, 1/2 s. A.
Hennebont : depuis 1890.

688.   **MIDLOTHIAN**, ex-**DENNEMARCK**, 1/2 s. A.
H. N.
Al. 1874. — Angleterre.

Lamballe : depuis 1881.

689.   **MILAN**, 1/2 s. L. — H. N.
Al. 1838. — Limousin.
Par *Harlequin*, P. S. A., et une 1/2 s. L., par Pandor. 1/2 s. N.
Lamballe : 1849-1850.

690.   **MIRAM,** 1/2 s. N. — H. N.
Gr. 1846. — Orne.
Par *Chasseur*, 1/2 s. N., et une 1/2 s. N.
Lamballe : 1850-1863.

691.   **MOBLOT,** 1/2 s. N. — H. N.
B. 1868. — Normandie.
Par *Valdemar*, 1/2 s. N., et une fille de Conquérant, 1/2 s. N.
Hennebont : 1872-1873.

692.   **MOMÈRES,** 1/2 s. Big. — H. N.
B. 1872. — Hautes-Pyrénées.
Par *Othello* ou *Womersley*, P. S. A. et une 1/2 s. Big.,
par Émir, P. S. Ar.
Hennebont : 1878-1880.

693.   **MONITEUR,** 1/2 s. N. — H. N.
B. 1846.
Par Y. *Emilius*, P. S. A., et une 1/2 s. N., par Y. Topper, 1/2 s. A.
Langonnet : 1850.

694.   **MORICQ,** 1/2 s. V. — H. N.
B. 1844. — Vendée.
Par *Diacre*, 1/2 s. N., et une 1/2 s. V.
Lamballe : 1850-1851.

695.   **MOSCOU,** 1/2 s. Orl. — H. N.
Gr. 1857. — Russie.

Lamballe : 1863-1865.

696.   **MOTEUR,** 1/2 s. N. — H. N.
B. 1856. — Calvados.
Par *Pégase*, 1/2 s. N., et une fille de Sauvage, 1/2 s. N.
Lamballe : 1850-1866.

697.   **MUPHTI,** 1/2 s. — H. N.
Al. 1843.
Par *Nasser*, P. S. Ar., et *Fleur-d'Épine*, 1/2 s.
Langonnet : 1847.

698.   **MUTIN,** 1/2 s. N. — H. N.
Bb. 1843. — Calvados.
Par *Richard*, P. S. A., et une 1/2 s. N., par Bob-Warwick, 1/2 s. A.
Lamballe : 1850-1856.

699.   **MYSTÉRIEUX**, 1/2 s. N. — H. N.
Bb. 1846. — Orne.
Par *Sylvio*, P. S. A., et une fille d'Ukase, 1/2 s. N.
Langonnet : 1850-1851.

700.   **NABUNAL**, 1/2 s. N. — H. N.
Bb. 1847. — Orne.
Par *Royal-Oak*, P. S. A., et *Grisette*, 1/2 s. N., par Lottery, P. S. A.
Lamballe : 1851-1859. — Hennebont : 1860-1863.

701.   **NAÏRE**, 1/2 s. N. — H. N.
Al. 1823. — Normandie.
Par *Aslan*, P. S. Ar., et une 1/2 s. N., par Lattitat, 1/2 s. A.
Langonnet : 1834-1842. — Lamballe : 1843-1844.

702.   **NANTEUIL**, 1/2 s. N. — H. N.
Bb. 1847. — Manche.
Par *Pégase*, 1/2 s. N., et *Louisette*, par Sauvage, 1/2 s. N.
Lamballe : 1851.

703.   **NÉRON**, 1/2 s. N. — H. N.
Gr. 1837. — Normandie.
Par   et une fille de Néron, 1/2 s. N.
Lamballe : 1843. — Langonnet : 1844-1850.

704.   **NEUILLY**, 1/2 s. N. — H. N.
Al. 1869. — Orne.
Par *Carignan*, 1/2 s. N., et une fille de Tallien, 1/2 s. N.
Lamballe : 1873-1878.

705.   **NEWTON**, 1/2 s. N. — H. N.
B. 1847. — Calvados.
Par *Impérieux*, 1/2 s. N., et une 1/2 s. N., par Biron, P. S. A.
Lamballe : 1851-1856.

706.   **NICANDRE**, 1/2 s. N. — H. N.
Gr. 1847. — Orne.
Par *Harmonica*, 1/2 s. N., et *Impériale*, 1/2 s. N., par Friedland,
P. S. A.
Lamballe : 1851.

707.   **NICÉPHORE**, 1/2 s. N. — H. N.
B. 1847. — Orne.
Par *Eylau*, P. S. A. A., et *Abronna*, par Xerxès, 1/2 s. N.
Lamballe : 1851-1866.

708.   **NIGEL**, 1/2 s. N. — H. N.
B. 1825. — Normandie.
Par *Chasseur*, 1/2 s. N., et une 1/2 s. N., par Y. Topper, 1/2 s. A.
Langonnet : 1839-1841.

709.   **NIVELEUR**, 1/2 s. N. — H. N.
B. 1824. — Normandie.
Par *Cleveland*, 1/2 s. A., et une 1/2 s. N.
Langonnet : 1841-1842.

710.   **NOIROT**, 1/2 s. Carr. — H. N.
N. 1871. — Picardie.
Par *Fidèle-au-Malheur*, 1/2 s. N., et une jument de 1/2 s.
Lamballe : 1879-1884.

711.   **NORFOLK-HERO**, 1/2 s. A. — H. N.
N. 1873. — Angleterre.
Par *Norfolk-Hero*, 1/2 s. A., et une fille de Gold-Bust, 1/2 s. A.
Lamballe : 1878-1884.

712.   **NORFOLK-HERO**, 1/2 s. A. — H. N.
N. 1877. — Angleterre.

Lamballe : depuis 1884.

713.   **NOVATIEN**, 1/2 s. N. — H. N.
B. 1847. — Orne.
Par *Eylau*, P. S. A. A., et *Eclipse*, par Railleur, 1/2 s. N.
Lamballe : 1851-1859. — Hennebont : 1860.

714.   **NUMIDE**, 1/2 s. N. — H. N.
Al. 1824. — Normandie.
Par *Y. Rattler*, 1/2 s. A., et une fille de Matador, 1/2 s. N.
Langonnet : 1834-1842. — Lamballe : 1843-1844.

715.   **OAK**, 1/2 s. N. — H. N.
Bb. 1870. — Orne.
Par *The Heir-of-Linne*, P. S. A., et *Miss-Airel*, par Junior, 1/2 s. N.
Lamballe : 1880.

716.   **OBLIGEANT**, 1/2 s. Carr. — H. N.
Gr. 1871. — Sarthe.
Par *The Norfolk-Phœnomenon*, 1/2 s. Norf., et une jument
percheronne.
Hennebont : 1875-1887.

717.   **OLD-TIMES**, 1/2 s. A. — H. N.
Aub. 1874. — Angleterre.
Par *Hue-and-Cry-Shales*, 1/2 s. A., et une 1/2 s. A., par Catton.
Lamballe : depuis 1878.

718.   **OLIBRIUS**, 1/2 s. N. — H. N.
B. 1848. — Normandie.
Par *Tipple-Cider*, P. S. A ., et une fille de Quartier-Maître, 1/2 s. N.
Lamballe : 1853.

719.   **OR**, 1/2 s. N. — H. N.
B. 1848. — Normandie.
Par *Vautour*, 1/2 s. N., et une 1/2 s. N., par Performer, 1/2 s. A.
Hennebont : 1865-1867.

720.   **ORFILA**, ex-**OPULENT**, 1/2 s. N. — H. N.
B. 1870. — Manche.
Par *Giboyer*, 1/2 s. N., et une 1/2 s. N., par Eylau, P. S. A. A.
Lamballe : 1874 (Saint-Lô en 1875).

721.   **ORICLÈS**, 1/2 s. N. — H. N.
B. 1833. — Orne.
Par *Eastham*, P. S. A., et *Calliope*, 1/2 s. N.
Langonnet : 1838-1850.

722.   **OSIER**, ex-**OSCAR**, 1/2 s. N. — H. N.
Al. 1870. — Calvados.
Par *Idoménée*, 1/2 s. N., et une fille de Turcaret, 1/2 s. N.
Hennebont : 1874-1875.

723.   **OSSIAN**, 1/2 s. N. — H. N.
B. 1826. — Normandie.
Par un fils de Y. Topper, 1/2 s. A., et une 1/2 s. N., par Héraclius,
1/2 s. A.
Langonnet : 1838-1842. — Lamballe : 1843-1844.

724.   **OWERTON-JUNIOR**, 1/2 s. A. — H. N.
Bb. 1863. — Angleterre.
Par *Charley-Owerton*, 1/2 s. A., et une fille de Rattler, P. S. A.
Lamballe : 1867-1870.

725.   **PACHA**, 1/2 s. Carr. — H. N.
Gr. 1871. — Aisne.
Par *Tobolsk*, 1/2 s. R., et une fille de Bon-Cœur, 1/2 s.
Hennebont : 1875-1887.

726. **PACTOLE**, 1/2 s. N. (approuvé). — M. Lémée.
B. 1848. — Normandie.
Par *Tipple-Cider*, P. S. A., et une 1/2 s. N.
Hennebont : 1857-1868.

727. **PAGE**, 1/2 s. N. — H. N.
Al. 1871. — Manche.
Par *Idoménée*, 1/2 s. N., et *Karaïde*, 1/2 s. N., par The Heir-of-Linne,
P. S. A.
Sa grand'mère : fille de Paternel, 1/2 s. N.
Lamballe : 1875-1879 (Saint-Lô en 1880).

728. **PALANQUIN,** 1/2 s. N. (approuvé).
M. Lémée.
Gr. 1871. — Normandie.
Par *Centaure*, 1/2 s. N., et une 1/2 s. N.
Hennebont : 1876-1882.

729 **PARLEMENTAIRE**, 1/2 s. N. — H. N.
B. 1871. — Calvados.
Par *Hidalgo*, 1/2 s. N., et une fille d'Hospodar, 1/2 s. N.
Hennebont : 1875-1886.

730. **PATROCLE**, 1/2 s. N. — H. N.
Al. 1871. — Orne.
Par *Séducteur*, 1/2 s. N., et une fille de Serenader, 1/2 s: A.
Lamballe : 1875-1879.

731. **PERRUQUIER**, 1/2 s. N. — H. N.
B. 1871. — Calvados.
Par *Glorieux*, 1/2 s. N., et une fille de Fakir, 1/2 s. N.
Hennebont : 1875-1876.

732. **PHILIBERT**, 1/2 s. N. — H. N.
B. 1871. — Orne.
Par *Séducteur*, 1/2 s. N., et une fille de Solide, 1/2 s. N.
Lamballe : 1875-1882.

733. **PHŒNIX**, 1/2 s. N. — H. N.
Al. 1849. — Orne.
Par *Impérieux*, 1/2 s. N., et une 1/2 s. N., par Coriolan, P. S. A. A.
Langonnet : 1853. — Hennebont : 1853-1863.
(La Roche-sur-Yon en 1864.)

734. POLÉMON, ex-**VAUTRAIT**, 1/2 s. N. — H. N.
B. 1878. — Orne.
Par *Niger*, 1/2 s. N., et *Drolette*, par Pledge, 1/2 s. N.
Hennebont : 1882.

735. **PONTCHARTRAIN**, 1/2 s. N. — H. N.
B. 1871. — Calvados.
Par *Ignace*, 1/2 s. N., et une fille de Taconnet, 1/2 s. N.
Hennebont : 1875-1884.

736. **POTENTAT**, 1/2 s. N. — H. N.
B. 1827. — Normandie.
Par *Y. Topper*, 1/2 s. A., et une 1/2 s. N.
Langonnet : 1838-1843.

737. PRADO, ex-**PERFECTION**, 1/2 s. N. — H. N.
B. 1871. — Manche.
Par *Auguste*, P. S. A., et une fille de Sinope, 1/2 s. N.
Hennebont : 1879-1888.

738. **PRETENDER**, 1/2 s. Norf. — H. N.
Al. 1863. — Angleterre.
Par *Garibaldi*, 1/2 s. Norf., et une fille de Y. Merry-Leggs,
1/2 s. Norf.
Lamballe : 1869-1874.

739. **PRICKWILLOW**, 1/2 s. A. — H. N.
N. 1859. — Angleterre.

Hennebont : 1864-1874.

740. **PRIME-MINISTER**, 1/2 s. A. — H. N.
B. 1863. — Angleterre.
Par *Y. Phœnomenon*, 1/2 s. A., et une fille de Black-Overton,
1/2 s. A.
Lamballe : 1867-1870.

741. **PRINCE-ROYAL**, 1/2 s. A. — H. N.
Al. 1871. — Angleterre.
Par *Ambition*, 1/2 s. A., et une fille de Y. Prickwillow, 1/2 s. A.
Lamballe : 1882-1884.

742. **PRINTANIER**, 1/2 s. N. — H. N.
N. 1871. — Calvados.
Par *Uzel*, 1/2 s. N., et une fille de Darius, 1/2 s. N.
Hennebont : 1875-1876.

743. **PRISTON**, ex-**PAGE**, 1/2 s. N. — H. N.
B. 1871. — Manche.
Par *Dictateur*, 1/2 s. N., et une fille de Fontenay, 1/2 s. N.
Hennebont : 1875-1885.

744. PROBUS, ex-**PARISIEN**, 1/2 s. N. — H. N.
B. 1871. — Orne.
Par *Elu*, 1/2 s. N., et une fille de Séducteur, 1/2 s. N.
Hennebont : 1875-1887.

745. PUISSANT, 1/2 s. N. — H. N.
Gr. 1849. — Manche.
Par *Kurde*, 1/2 s. N., et une 1/2 s. N.
Langonnet : 1853. — Hennebont : 1853-1863.

746. QUADRUPLE, 1/2 s. N. — H. N.
B. 1850. — Orne.
Par *Tipple-Cider*, P.S.A., et une fille d'Oscar, 1/2 s. N.
Lamballe : 1854-1858.

747. QUATRAIN, 1/2 s. N. — H. N.
B. 1872. — Orne.
Par *Centaure*, 1/2 s. N., et *Mignonne*, 1/2 s. N.
Lamballe : 1876-1880.

748. QUELQUEFOIS, 1/2 s. N. — H. N.
Bb. 1872. — Manche.
Par *Sir Edwin-Landsyer*, 1/2 s. A., et une fille d'Arétin, 1/2 s. N.
Hennebont : 1871-1881.

749. QUERELLEUR, 1/2 s. N. — H. N.
N. 1872. — Normandie.
Par *Hussein*, 1/2 s. N., et une 1/2 s. N., par Isolier, P. S. A.
Hennebont : 1876-1889.

750. QUERVILLE, 1/2 s. N. — H. N.
B. 1872. — Orne.
Par *Thésée* ou *Centaure*, 1/2 s. N., et une fille de
Buci, 1/2 s. N.
Hennebont : 1876-1880.

751. QUICK-SYLVER, 1/2 s. Norf. — H. N.
Al. 1863. — Angleterre.

Lamballe : 1872-1879.

752. QUIDDANY, 1/2 s. N. — H. N.
Gr. 1872. — Calvados.
Par *The Heir-of-Linne*, P. S. A., et *Miss Pierce*, par Succès,
1/2 s. N.
Lamballe : 1876-1885.

753. **QUIÉTISTE**, 1/2 s. N. — H. N.
B. 1872. — Orne.
Par *Centaure*, 1/2 s. N., et une 1/2 s. N., par Moustique, P. S. A.
Lamballe : 1876.

754. **QUILLE-D'ARGENT**, 1/2 s. N. — H. N.
B. 1872. — Orne.
Par *Elu*, 1/2 s. N., ou *Conquérant*, 1/2 s. N., et une fille de
Centaure, 1/2 s. N.
Lamballe : 1876-1880.

755. **QUINE**, 1/2 s. N. — H. N.
Al. 1872. — Orne.
Par *Matchless*, 1/2 s. A., ou *Conquérant*, 1/2 s. N., et *Isabelle*,
1/2 s. N., par Phœnomenon, 1/2 s. A.
Hennebont : 1879-1883.

756. **QUINET**, ex-**QUINE**, 1/2 s. N. — H. N.
B. 1872. — Calvados.
Par *J'y-songerai*, 1/2 s. N., et une jument anglaise.
Hennebont : 1877-1880.

757. **QUIROGA**, 1/2 s. N. — H. H.
B. 1832. — Normandie.
Par *Quiroga*, 1/2 s. N., et une jument normande.
Lamballe : 1844 (Le Pin en 1845).

758. **QUI-VALSE**, 1/2 s. N. — H. N.
B. 1872. — Manche.
Par *Paladin*, P. S. A., et *Cerise*, 1/2 s. N.
Hennebont : 1876-1880.

759. **QUINSAC**, 1/2 s. N. — H. N.
B. 1872. — Calvados.
Par *Impérial*, 1/2 s. N., et une fille de Navigateur, 1/2 s. N
Lamballe : 1876-1882.

760. **QUONDAM**, 1/2 s. N. — H. N.
Al. 1872. — Calvados.
Par *Libérator*, 1/2 s. A., et une 1/2 s. N., par Telegraph, 1/2 s. A.
Hennebont : 1876-1881.

761. **RADIEUX**, 1/2 s. N. — H. N.
B. 1873. — Manche.
Par *Séduisant*, 1/2 s. N., et une 1/2 s. N., par Arétin, 1/2 s. A.
Hennebont : depuis 1877.

762. **RAG-MERCHANT**, 1/2 s. N. — H. N.
N. 1875. — Seine-Inférieure.
Par *Kilomètre*, 1/2 s. N., et *Espérance*, 1/2 s. N.,
par Trotten-Rattler, 1/2 s. A.
Lamballe : depuis 1888.

763. **RAMIER**, 1/2 s. N. — H. N.
Gr. 1851. — Calvados.
Par *Neptune*, 1/2 s. N., et une 1/2 s. N., par Friedland, P. S. A.
Lamballe : 1855-1859.

764. **RAS-TERRE**, 1/2 s. Carr. — H. N.
Bb. 1873. — Maine-et-Loire.
Par *Noteur*, 1/2 s. N., et une fille de Beau-Soleil, 1/2 s.
Hennebont : 1878-1888.

765. **RATAPLAN**, 1/2 s. N. — H. N.
B. 1851. — Orne.
Par *Henri*, 1/2 s. N., et une fille d'Impérieux, 1/2 s. N.
Hennebont : 1855-1857.

766. **RECEVEUR**, ex-**RÉSÉDA**, 1/2 s. N. — H. N.
B. 1873. — Calvados.
Par *Dragon*, P. S. A., et une fille de Sultan, 1/2 s. N.
Hennebont : 1879-1889.

767. **REFRAIN**, ex-**RODRIGUE** 1/2 s. N. — H. N.
Al. 1873. — Calvados.
Par *Brindisi*, P. S. A., et une fille de Fernando, 1/2 s. N.
Sa grand'mère : fille de Quia, 1/2 s. N.
Hennebont : 1877-1887.

768. **REITRE**, ex-**RAPIDE**, 1/2 s. N. — H. N.
B. 1873. — Manche.
Par *Auguste*, P. S. A., et une fille d'Egésippe, 1/2 s. N.
Hennebont : depuis 1879.

769. **RÉMUS**, 1/2 s. N. — H. N.
B. 1873. — Calvados.
Par *Interprète*, 1/2 s. N., et une fille de Conquérant, 1/2 s. N.
Sa grand'mère : 1/2 s. N., par The Nemrod, 1/2 s. A.
Lamballe : depuis 1877.

770. **RESCHID**, 1/2 s. L. — H. N.
Gr. 1843. — Corrèze.
Par *Massoud*, P. S. Ar., et *Georgina* (race des Deux-Ponts).
Langonnet : 1848.

771. **RÉSERVÉ**, 1/2 s. N. — H. N.
Bb. 1828. — Normandie.
Par *Eastham*, P. S. A., et une 1/2 s. N., par Y. Rattler, 1/2 s. A.
Langonnet : 1833-1842.

772. **RHUS**, ex-**ROGER-BONTEMPS**, 1/2 s. N.
H. N.
Gr. 1873. — Manche.
Par *Kabin*, 1/2 s. N., et *Margot*, 1/2 s. N.
Lamballe 1877-1880.

773. **RICHEPANSE**, ex-**ROQUELAURE**, 1/2 s. N. — H. N.
B. 1873. — Manche.
Par *Kabin*, 1/2 s. N., et une fille de Pont-d'Or, 1/2 s. N.
Hennebont : 1877-1889.

774. **RIENZI**, ex-**RIVAL**, 1/2 s. N. — H. N.
B. 1873. — Orne.
Par *Abrantès*, 1/2 s. N., et une fille d'Homère, 1/2 s. N.
Hennebont : depuis 1877.

775. **RIGOUREUX**, 1/2 s. N. — H. N.
B. 1873. — Calvados.
Par *Irlandais*, 1/2 s. N., et une petite-fille de Lucain, 1/2 s. N.
Hennebont : depuis 1877.

776. **RIMINI**, 1/2 s. N. — H. N.
Gr. 1851. — Normandie.
Par *Sir-Henry*, P. S. A., et une fille de Boucanier, 1/2 s. N.
Hennebont : 1855-1863 (Saintes en 1864).

777. **ROADSTER**, 1/2 s. N. — H. N.
Al. 1873. — Manche.
Par *Hunter*, 1/2 s. N., et une 1/2 s. N., par Marengo, P. S. A. A.
Hennebont : depuis 1877.

778. **ROBINSON**, 1/2 s. N. — H. N.
B. 1833. — Orne.
Par *Y. Rattler*, 1/2 s. A., et *Aigle*, 1/2 s. N.
Langonnet : 1837-1843. — Lamballe : 1843.

779. **ROCHAMBEAU**, ex-**RÉBUS**, 1/2 s. N. — H. N.
B. 1873. — Orne.
Par *Centaure*, 1/2 s. N., et une fille d'Esculape, 1/2 s. N.
Hennebont : depuis 1877.

780. ROCHE-SUR-YON, 1/2 s. N. — H. N.
Ro. 1873. — Vendée.
Par *Jambes-d'Argent*, 1/2 s. N., et une 1/2 s. V., par Buckthorn,
P. S. A.
Hennebont : 1877-1882.

781. RUBENS, 1/2 s. N. — H. N.
Al. 1828. — Normandie.
Par *Y. Rattler*, 1/2 s. A., et une 1/2 s. N., par D.-I.-O., P. S. A.
Langonnet : 1833-1848.

782. RUY-BLAS, 1/2 s. L. — H. N.
Bb. 1851. — Haute-Vienne.
Par *Commodore-Napier*, P. S. A., et une 1/2 s. L., par Bijou.
Hennebont : 1855-1856.

783. SAINT-CONTEST, 1/2 s. N. — H. N.
Al. 1874. — Manche.
Par *Pretty-Boy*, et une 1/2 s. N., par Corsair, 1/2 s. A.
Sa grand'mère : fille de Labéon, 1/2 s. N.
Hennebont : 1879-1884.

784. SAINT-JULIEN, 1/2 s. N. — H. N.
B. 1884. — Calvados.
Par *Valencourt*, 1/2 s. N., et *Hermosa*, par Noville, 1/2 s. N.
Lamballe : depuis 1889.

785. SALONIQUE, 1/2 s. N. — H. N.
B. 1874. — Manche.
Par *Paladin*, P. S. A., et une 1/2 s. N., par Y. Reveller,
P. S. A.
Hennebont : 1879-1885.

786. SALSES, 1/2 s. N. — H. N.
Al. 1874. — Manche.
Par *Pater*, 1/2 s. N., et une fille d'Ignoré, 1/2 s. N.
Lamballe : depuis 1878.

787. SALVATOR, 1/2 s. Big. — H. N.
Gr. 1873. — Haute-Garonne.
Par *Djeffée* ou *Zodion*, P. S. Ar., et une 1/2 s. Big., par Schami,
P. S. A. A.
Hennebont : 1877-1888.

788. SANS-GÊNE, 1/2 s. N. — H. N.
B. 1843. — Normandie.
Par *Master-Wags*, P. S. A., et une 1/2 s. N., par The Juggler,
P. S. A.
Langonnet : 1849-1852.

789.   **SANTON**, 1/2 s. N.— H.N.
Al. 1874. — Manche.
Par *Dictateur* ou *Volant*, 1/2 s. N., et une fille de Kapirat,
1/2 s. N.
Lamballe : 1878-1882.

790.   **SAOUY**. — H. N.
Gr. 1855. — Haute-Vienne.

Hennebont : 1859-1860.

791.   **SAPEUR**, 1/2 s. N. — H. N.
Al. 1874. — Manche.
Par *Idoménée*, 1/2 s. N., et *Lisette*, par Villiers, 1/2 s. N.
Hennebont : depuis 1879.

792.   **SÉNÉGAL**, 1/2 s. N. — H. N.
B. 1874. — Calvados.
Par *Unau*, 1/2 s. N., et une fille d'Ignoré, 1/2 s. N.
Lamballe : depuis 1878.

793.   **SERENADER**, 1/2 s. A. — H. N.
Al. 1851. — Angleterre.
Par *The Troubadour*, 1/2 s. A., et une 1/2 s. A.
Lamballe : 1864.

794.   **SHALES**, 1/2 s. A. — H. N.
Aub. 1863. — Angleterre.
Par *Fire-Away*, 1/2 s. A., et une fille de Shales, 1/2 s. A.
Hennebont : 1867-1883.

795.   **SICILIEN**, ex-**SATURNE**, 1/2 s. N. — H. N.
B. 1874. — Manche.
Par *Ivanoff*, P. S. A., et une fille d'Inkermann, 1/2 s. N.
Lamballe : 1878-1884.

796.   **SIR-GEORGES-WOWNBELL**, 1/2 s. A.
H. N.
Bb. 1874. — Angleterre.
Lamballe : 1881-1888.

797.   **SIR-HENRY-DIMSDALE**, 1/2 s. A. — H. N.
Gr. 1834. — Angleterre.
Par *Old-Président*, 1/2 s. A., et une fille de Camel, P. S. A.
Lamballe : 1844 (Saint-Lô en 1845).

798. **SIR-RICHARD**, 1/2 s. A. — H. N.
B. 1863. — Angleterre.
Par *Sir-Charles*, 1/2 s. Norf., et une fille de Shakespeare,
1/2 s. Norf.
Lamballe : 1869-1873.

799. **SIR-RICHARD**, 1/2 s. Norf. — H. N.
Al. 1872. — Angleterre.
Père et mère Norfolk.
Lamballe : depuis 1880.

800. **SMUGGLER**, 1/2 s. A. — H. N.
Ro. 1845. — Angleterre.
Par *Old-Phœnomenon*, 1/2 s. Norf., et une fille de Pretender,
1/2 s. Norf.
Hennebont : 1851-1856.

801. **SOLIDE**, 1/2 s. N. (approuvé). — M. Surcouf.
B. 1869. — Normandie.
Par *Estafette*, 1/2 s. N., et *Bijou*, 1/2 s. N.
Hennebont : 1873-1890.

802. **SOUS-LIEUTENANT**, ex-**LIEUTENANT**, 1/2 s. N.
H. N.
B. 1843. — Normandie
Par *Voltaire*, 1/2 s. N., et une fille d'Emule, 1/2 s. N.
Langonnet : 1849-1852.

803. **SUFFRAGE**, 1/2 s. N. — H. N.
B. 1874. — Manche.
Par *Pater*, 1/2 s. N., et *Florence*, par Ignoré, 1/2 s. N.
Sa grand'mère : fille de Riga, 1/2 s. N.
Hennebont : depuis 1883.

804. **SUFFREN**, ex-**SANS-REPROCHE**, 1/2 s. N.
H. N.
Al. 1874. — Calvados.
Par *Jactator*, 1/2 s. N., et une fille d'Abrantès, 1/2 s. N.
Lamballe : 1878-1884.

805. **SYLVAIN**, 1/2 s. N. — H. N.
Bb. 1874. — Normandie.
Par *Abrantès*, 1/2 s. N., et une fille d'Elu, 1/2 s. N.
Sa grand'mère : fille de Doyen, 1/2 s. N.
Lamballe : 1878-1881.

806. **SYLVATOR**, 1/2 s. N. — H. N.
Gr. 1845. — Normandie.
Par *Sylvio*, P. S. A., et une 1/2 s. N.
Langonnet : 1850-1852.

807. **TAGARA**, 1/2 s. N. — H. N.
B. 1875 — Calvados.
Par *Unau*, 1/2 s. N., et *Musette*, par Vice-Roi, 1/2 s. N.
Hennebont : 1879-1889.

808. **TALBOT**, 1/2 s. V. — H. N.
Gr. 1875. — Vendée.
Par *Jambes-d'Argent*, 1/2 s. N., et une 1/2 s. V., par Necker,
1/2 s. N.
Hennebont : 1879.

809. **TALISMAN**, 1/2 s. N. — H. N.
Bb. 1875. — Orne.
Par *Niger*, 1/2 s. N., et *Conquérante*, 1/2 s. N.
Hennebont : 1879-1880.

810. **TÉLÉMAQUE**, 1/2 s. N. (approuvé).
M. Lemée. — M. Surcouf.
Al. 1875. — Normandie.
Par *Libérator*, 1/2 s. A., et *Marguerite*, 1/2 s. N.
Hennebont : depuis 1879.

811. **TEUTATÈS**, ex-**TOT-OU-TARD**, 1/2 s. N.
H. N.
B. 1875. — Manche.
Par *Milanais*, 1/2 s. N., et une 1/2 s. N., par Agenda, 1/2 s. N.
Hennebont : 1879-1886.

812. **THE GENERAL**, 1/2 s. Norf. — H. N.
Ro. 1879. — Angleterre.
Par *Lamplighter*, 1/2 s. Norf., et une 1/2 s. A.
Lamballe : depuis 1884.

813. **THE NORFOLK-COB**, 1/2 s. Norf. — H. N.
B. 1862. — Angleterre.
Par *Y. Performer*, 1/2 s. Norf., et une fille de Marskland-Shales,
1/2 s. Norf.
Hennebont : 1870-1887.

814. **THE NORFOLK-HERO**, 1/2 s. A. — H. N.
Gr. 1843. — Angleterre.
Hennebont : 1854-1857.

815. **THE NORFOLK-STAR**, 1/2 s. Norf. — H. N.
B. 1855. — Angleterre.
Hennebont : 1863-1874.

816.   **THE REPEALER**, 1/2 s. A. — H. N.
Al. 1843. — Angleterre.
Par *Windfall* et une fille de Pope.
Lamballe : 1859-1860.

817.   **THLASPY**, 1/2 s. N. — H. N.
Al. 1875. — Calvados.
Par *Million*, 1/2 s. N., et *Lisette*, par Hospodar, 1/2 s. N.
Lamballe : 1879-1884.

818.   **THOMAS-MORUS**, 1/2 s. L. — H. N.
Gr. 1845. — Corrèze.
Par *Koheil-Obayan-Seder*, P. S. A., et *Dolly*
(jument des Deux-Ponts).
Lamballe : 1850-1864.

819.   **THUYA**, 1/2 s. N. — H. N.
Al. 1875. — Calvados.
Par *Centaure*, 1/2 s. N., et *Haydée*, 1/2 s. N., par Pretender,
1/2 s. A.
Lamballe : 1879-1882.

820.   **TICE**, 1/2 s. Norf. — H. N.
B. 1871. — Angleterre.
Par *Tice's-Prickwillow*, 1/2 s. Norf., et une fille de Bellfunder,
1/2 s. Norf.
Hennebont : 1876-1883.

821.   **TIGRE**, 1/2 s. N. — H. N.
B. 1875. — Manche.
Sa grand'mère : fille de Faucon.
Par *Shamrock*, 1/2 s. A., et *Lisette*, par Roc, 1/2 s. N.
Sa grand'mère : fille de Faucon, 1/2 s. N.
Hennebont : 1879-1889.

822.   **TILLY**, ex-**TRIOLET**, 1/2 s. N. — H. N.
B. 1875. — Manche.
Par *Bandit* ou *Kabin*, 1/2 s. N., et *Rosette*, 1/2 s. N.
Hennebont : depuis 1879.

823.   **TIMBREUR**, ex-**TAMBOUR**, 1/2 s. N.
H. N.
Al. 1875. — Sarthe.
Par *Gall*, 1/2 s. N., et *Froufrou*, 1/2 s. N., par Zouave, P. S. A.
Lamballe : 1879-1882.

824.   **TINTAMARRE**, 1/2 s. N. — H. N.
B. 1875. — Manche.
Par *Lucullus*, 1/2 s. N., et *Rosette*, par Victorieux, 1/2 s. N.
Lamballe : depuis 1879.

825. **TOBOLSK**, 1/2 s. Orl. — H. N.
Bb. 1852. — Russie.
Lamballe : 1876.

826. **TOUCAN**, ex-**TELEGRAPH**, 1/2 s. N. — H. N.
Al. 1875. — Manche.
Par *Mathurin*, 1/2 s. N., et *Poulot*, par Ugolin, 1/2 s. N.
Lamballe : depuis 1879.

827. **TOUR**, 1/2 s. N. — H. N.
N. 1875. — Manche.
Par *Ignace*, 1/2 s. N., et *L'Aigle* 1/2 s. N., par Governor, P. S. A.
Hennebont : depuis 1879.

828. **TRÉVISE**, 1/2 s. N. — H. N.
Al. 1875. — Orne.
Par *Clear-the-Way*, 1/2 s. A., et *Bonaventure*, par Hospodar,
1/2 s. N.
Sa grand'mère : fille de Séducteur, 1/2 s. N.
Lamballe : depuis 1879.

829. **TRIBONIEN**, ex-**TELEGRAPH**, 1/2 s. N. — H. N.
B. 1875. — Calvados.
Par *Telegraph*, P. S. A., et *Mouton*, 1/2 s. N.
Lamballe : 1879-1880.

830. **TRIVIAL**, ex-**TITUS**, 1/2 s. N. — H. N.
Al. 1875. — Calvados.
Par *Léotard*, 1/2 s. N., et une fille de Sancho, 1/2 s. N.
Sa grand'mère : fille de Dictateur, 1/2 s. N.
Lamballe : 1879-1883.

831. **TURBIGO**, 1/2 s. N. — H. N.
B. 1875. — Orne.
Par *Abrantès*, 1/2 s. N., et *Lisa*, par Utrecht, 1/2 s. N.
Sa grand'mère : fille de Trouville, P. S. A.
Lamballe : 1879-1888.

832. **TURPIN**, 1/2 s. A. — H. N.
B. 1860. — Angleterre.
Hennebont : 1868-1870.

833. **TYRAN**, ex-**TYROLIEN**, 1/2 s. N. — H. N.
B. 1875. — Calvados.
Par *Montpensier*, 1/2 s. N., et *Reblot*, 1/2 s. N., par Great-Maslet,
1/2 s. A.
Lamballe : 1879-1883.

834. **TYRTÉE**, ex-**SAPEUR**, 1/2 s. N. — H. N.
Al. 1874. — Manche.
Par *Lodi*, 1/2 s. N., et *Lisette*, par Urus, 1/2 s. N.
Lamballe : depuis 1879.

835. **UKASE**, 1/2 s. N. — H. N.
Al. 1854. — Orne.
Par *Brocardo*, P. S. A., et *Julia*, 1/2 s. A.
Hennebont : 1858-1859 (La-Roche-sur-Yon en 1860).

836. **ULLIEL**, ex-**USURIER**, 1/2 s. N. — H. N.
B. 1876. — Manche.
Par *Kabin*, 1/2 s. N., et *Bijou*, par Tamerlan, 1/2 s. N.
Hennebont : depuis 1879.

837. **ULMO**, 1/2 s. Big. — H. N.
Gr. 1876. — Hautes-Pyrénées.
Par *Nassim*, P. S. Ar., et une 1/2 s. Big., par Womersley, P. S. A.
Lamballe : 1881-1885.

838. **ULMUS**, 1/2 s. N. — H. N.
B. 1854. — Calvados.
Par *Painstaker*, 1/2 s. N., et une 1/2 s. N., par Rinaldo, P. S. A.
Lamballe : 1858-1860.

839. **ULYSSE**, 1/2 s. N. — H. N.
B. 1831. — Normandie
Par *Oscar*, 1/2 s. N., et une fille d'Hylactor, 1/2 s. N.
Langonnet : 1836-1848.

840. **UNCAS**, 1/2 s. N. — H. N.
Al. 1876. — Manche.
Par *Jackson*, 1/2 s. A., et *Cendrillon*, 1/2 s. N., par
The-Heir-of-Linne, P. S. A.
Sa grand'mère : 1/2 s. N., par Corsair, 1/2 s. A.
Hennebont : 1880-1884.

841. **UNIFORME**, 1/2 s. N. — H. N.
B. 1832. — Normandie.
Par *Eastham*, P. S. A., et une fille de Colibry, 1/2 s. N.
Langonnet : 1837-1849.

842. **UNION**, 1/2 s. N. — H. N.
B. 1876. — Manche.
Par *Bandit*, 1/2 s. N., et *Charmante*, par Victorieux, 1/2 s. N.
Sa grand'mère : fille de Perfection, 1/2 s. N.
Lamballe : 1880-1887.

843. **UNISSON**, 1/2 s. N. — H. N.
Al. 1854. — Calvados.
Par *Ramsay*, P. S. A., et une fille de Voltaire, 1/2 s. N.
Hennebont : 1858-1864.

844. **UPAS**, 1/2 s. N. — H. N.
N. 1854. — Manche.
Par *Paternel*, 1/2 s. N., et une fille de Xérophtalmiste, 1/2 s. N.
Lamballe : 1858.

845. **UREUIL**, 1/2 s. N. — H. N.
B. 1876. — Manche.
Par *Ivanhoff*, P. S. A., et *Rosette*, par Beaumanoir, 1/2 s. N.
Sa grand'mère : fille de Rivoli, 1/2 s. N.
Hennebont : 1880-1890.

846. **URI**, 1/2 s. Carr. — H. N.
Al. 1876. — Maine-et-Loire.
Par *Othello*, 1/2 s. N., et une fille d'Intrépide, 1/2 s. N.
(Conquérant).
Hennebont : depuis 1880.

847. **USAGER**, 1/2 s. N. — H. N.
B. 1831. — Normandie.
Par *Jaggar*, 1/2 s. A., et une fille d'Impérieux, 1/2 s. N.
Langonnet : 1836-1838.

848. **USIDAS**, ex-**UKRAINE**, 1/2 s. N. — H. N.
Al. 1876. — Calvados.
Par *Oranger*, 1/2 s. N., et *Valérie*, par Feu-de-Joie, 1/2 s. N.
Sa grand'mère : fille de Tamerlan, 1/2 s. N.
Lamballe : 1880. — Hennebont : 1881.

849. **USITÉ**, 1/2 s. N. — H. N.
B. 1832. — Normandie.
Par *Valient*, 1/2 s. A., et une fille d'Impérieux, 1/2 s. N.
Langonnet : 1836-1849.

850. **USURIER**, 1/2 s. N. — H. N.
B. 1832. — Normandie.
Par *Lucholl*, 1/2 s. A., et une fille de Nérestan, 1/2 s. N.
Langonnet : 1836-1839. — Lamballe : 1840-1849.

851. **USUS**, ex-**ULYSSE**, 1/2 s. N. — H. N.
Al. 1876. — Calvados.
Par *Liberator*, 1/2 s. A., et *Babiole*, P. S. A.
Lamballe : 1880. — Hennebont : 1881.

852.   **UTINAM**, 1/2 N. — H. N.
Al. 1876. — Manche.
Par *Jackson*, 1/2 s. A., et *Miss Bird*, P. S. A.
Hennebont : depuis 1880.

853.   **UVARD**, ex-**UZÊS**, 1/2 s. N. — H. N.
Al. 1876. — Calvados.
Par *Inkermann*, 1/2 s. N., et *Lisa*, par Telegraph, 1/2 s. N.
Sa grand'mère : fille de Vladimir, 1/2 s. N.
Lamballe : 1880-1889.

854.   **VAGON**, 1/2 s. N. — H. N.
B. 1833. — Orne.
Par *Pretender*, 1/2 s. A., et une 1/2 s. N., par D.-1.-O., P. S. A.
Langonnet : 1837-1842. — Lamballe : 1843-1849.

855.   **VAINQUEUR**, 1/2 s. N. — H. N.
B. 1833. — Normandie.
Par *Phaëton*, 1/2 s. N., et une fille de Fidèle, 1/2 s. N.
Langonnet : 1837-1848.

856.   **VALENS**, 1/2 s. N. — H. N.
B. 1853. — Manche.
Par *Borisow*, 1/2 s. N., et une jument normande.
Hennebont : 1859. — Lamballe : 1860-1864.

857.   **VANDALE**, 1/2 s. N. — H. N.
B. 1877. — Manche.
Par *Orfila*, 1/2 s. N., et *Lisa*, par Impétueux, 1/2 s. N.
Hennebont : 1881-1889.

858.   **VELOURS**, 1/2 s. N. — H. N.
B. 1877. — Calvados.
Par *Qu'en-Pensez-Vous ?* 1/2 s. N., et *Rapide*, par Harmonieux,
1/2 s. N.
Lamballe : depuis 1881.

859.   **VENDREDI**, 1/2 s. N. — H. N.
Aub. 1877. — Eure.
Par *Gall*, 1/2 s. N., ou *Clear-the-Way*, 1/2 s. A.
et une jument anglaise.
Lamballe : depuis 1881.

860.   **VÉNÉRABLE**, 1/2 s. N. — H. N.
Al. 1877. — Calvados.
Par *Glorieux*, 1/2 s. N., et *Mignonne*, par Violent, 1/2 s. N.
Hennebont : depuis 1881.

861. VENEUR, ex-**VOLUPTUEUX**, 1/2 s. N. — H. N.
Al. 1877. — Manche.
Par *Lozenge*, P. S. A., et *Baillette*, par Lothaire, 1/2 s. N.
Sa grand'mère : fille de Navigateur, 1/2 s. N.
Lamballe : depuis 1881.

862. VENTRILOQUE, 1/2 s. N. — H. N.
Al. 1877. — Normandie
Par *Quiconque*, 1/2 s. N., et *La Poule*, par Knout, 1/2 s. N.
Sa grand'mère : fille d'Emule, 1/2 s. N.
Lamballe : depuis 1881.

863. VERNET, 1/2 s. N. — H. N.
Al. 1877. — Normandie.
Par *Nethou*, P. S. A., et *Lisa*, par Gardavous, 1/2 s. N.
Sa grand'mère : fille de Racine, 1/2 s. N.
Lamballe : 1881-1890.

864. VERTUCHOUX, ex-**VERNEUIL**, 1/2 s. N. — H. N.
Al. 1877. — Calvados.
Par *Mars*, 1/2 s. N., et *Kartine*, par Kamiesh, 1/2 s. N.
Lamballe : 1881-1889.

865. VÉTÉRAN, 1/2 s. N. — H. N.
B. 1877. — Calvados.
Par *Irlandais*, 1/2 s. N., et une jument normande.
Lamballe : depuis 1881.

866. VIF-ARGENT, ex-**QUICK-SYLVER**,
1/2 s. Norf. — H. N.
Ro. 1869. — Angleterre.
Par *Jackson's-Quick-Sylver*, 1/2 s. Norf., et une fille de
Bergen's-Fire-Away, 1/2 s. A.
Lamballe : 1875-1879.

867. VIGNERON, ex-**VIGOUREUX**, 1/2 s. N. — H. N.
B. 1877. — Calvados.
Par *Lavater*, 1/2 s. N., et *Faucille*, 1/2 s. N., par The Heir-of-Linne,
P. S. A.
Sa grand'mère : fille de Régulier, 1/2 s. N.
Hennebont : 1881-1886.

868. VILLAGEOIS, 1/2 s. N. — H. N.
Aub. 1877. — Manche.
Par *Patrick*, 1/2 s. N., et *Sophie*, 1/2 s. N., par Baron-Knight,
1/2 s. A.
Lamballe : 1882-1884.

869.   **VILNA**, 1/2 s. — H. N.
Al. 1883. — Cher.
Par *Peretz*, 1/2 s. R., et Derskaya, 1/2 s. R.
Hennebont : depuis 1889.

870. VIMOUTIERS, ex-**VIGILANT**, 1/2 s. Char. — H. N.
B. 1877. — Charente.
Par *Quibbler*, 1/2 s. N., et une fille de Général-Schermann,
1/2 s. Char.
Lamballe : depuis 1881.

871.   **VIREVOTTE**, 1/2 s. N. — H. N.
B. 1833. — Normandie.
Par *Proselyte*, 1/2 s. A., et *Miss*, par Fermier, 1/2 s. N.
Langonnet : 1839-1840.

872.   **VIROFLAY**, 1/2 s. A. — H. N.
Gr. 1847. — Angleterre.
Par *Harkaway*, 1/2 s. A., et une 1/2 s. A.
Hennebont : 1853.

873.   **VIRTUOSE**, 1/2 s. N. — H. N.
Al. 1877. — Manche.
Par *Macouba*. 1/2 s. N., et *Hurette*, par Urus, 1/2 s. N.
Lamballe : 1881-1885.

874.   **VIVAT**, 1/2 s. N. — H. N.
B. 1877. — Calvados.
Par *Normand*, 1/2 s. N., et *Fleur-de-Mai*, par J'y-Songerai, 1/2 s. N.
Sa grand'mère : fille de Conquérant, 1/2 s. N.
Hennebont : depuis 1881.

875.   **VOLANT**, 1/2 s. N. — H. N.
B. 1833. — Normandie.
Par *Pretender*, 1/2 s. A., et une 1/2 s. N., par Snail, P. S. A.
Langonnet : 1840-1841.

876.   **VULPIN**, 1/2 s. N. — H. N.
B. 1855. — Manche.
Par *Robinson*, P. S. A., et une fille de Boucanier, 1/2 s. N.
Hennebont : 1859-1867.

877. WEIGHTON-MERRY-LEGS, 1/2 s. A. — H. N.
N. 1872. — Angleterre.
Lamballe : 1882-1885.

878. WEST-NORFOLK-ESQUIRE, 1/2 s. Norf. — H. N.
Ro. 1866. — Angleterre.
Par *Confidence*, 1/2 s. Norf., et une fille de Quick-Sylver, 1/2 s. Norf.
Lamballe : depuis 1891.

879. WILDFIRE, 1/2 s. A. — H. N.
Al. 1856. — Angleterre.
Par *The Troubadour*, 1/2 s A., et une jument anglaise.
Lamballe : 1863 et 1866-1873.

880. XANTHIUM, 1/2 s. N. — H. N.
Al. 1834. — Orne.
Par *Impérieux*, 1/2 s. N., et une fille de Néron, 1/2 s. N.
Lamballe : 1845-1850.

881. XANTIPPE, 1/2 s. N. — H. N.
Bb. 1878. — Seine-Inférieure.
Par *Niger*, 1/2 s. N., et *Duchesse*, par Conquérant, 1/2 s. N.
Lamballe : depuis 1882.

882. XÉNOCRATE, 1/2 s. N. — H. N.
B. 1834. — Normandie.
Par *Impérieux*, 1/2 s. N., et une fille de Pilote, 1/2 s. N.
Langonnet : 1838-1852.

883. XYPHOÏDIUM, 1/2 s. N. — H. N.
B. 1834. — Normandie.
Par *Chasseur*, 1/2 s. N., et une fille de Travailleur, 1/2 s. N.
Langonnet : 1838-1844.

884. Y. BAYARD, 1/2 s. Carr. — H. N.
Al. 1869. — Oise.
Par *Bayard*, 1/2 s. Carr., et une fille d'Alerte, 1/2 s. A.
Lamballe : 1874-1882.

885. Y. BLACK-SHALES, 1/2 s. Norf. — H. N.
N. 1853. — Angleterre.
Lamballe : 1866-1878.

886. Y. CHAMPION, 1/2 s. A. — H. N.
B. 1873. — Angleterre.
Lamballe : 1879-1887.

887. Y. GARIBALDI, 1/2 s. A. — H. N.
Al. 1872. — Angleterre.
Par *Garibaldi*, 1/2 s. A., et une fille de Vilet, 1/2 s. Norf.
Lamballe : depuis 1891.

888.   **Y. ORVILLE**, 1/2 s. A. — H. N.
Ro. 1837. — Angleterre.
Par *Rainbow*, P. S. A., et une fille de Grey-Orville, 1/2 s. A.
Lamballe : 1849-1854.

889.   **Y. PERFORMER**, 1/2 s. A. — H. N.
Al. 1860. — Angleterre.
Lamballe : 1866-1877.

890.   **Y.TROTTAWAY**, 1/2 s. Norf. — H. N.
Al. 1868. — Angleterre.
Par *Trottaway*, 1/2 s. A., et une fille de Samuel-Grimineis, 1/2 s. A.
Lamballe : 1875-1889.

891.   **Y. VOLUNTER**, 1/2 s. A. — H. N.
Al. 1862. — Angleterre.
Lamballe : 1871-1880.

892.   **YORK**, 1/2 s. Carr. — H. N.
Al. 1858. — France.
Lamballe : 1864-1866.

893.   **YORKSHIRE-TELEGRAPH**, 1/2 s. Norf.
H. N.
N. 1865. — Angleterre.
Par *Y. Pretender*, 1/2 s. A., et une fille de Matchess-Merry-Legs,
1/2 s. A.
Lamballe : 1872-1878.

SECTION BRETONNE

APPENDICE

ÉTALONS DE PUR SANG

Ayant fait la monte dans les circonscriptions d'Hennebont

et de Lamballe de 1840 à 1890

ÉTALONS DE PUR SANG

Ayant fait la monte dans les circonscriptions d'Hennebont et de Lamballe.

---

894. **ABDALLAH**, P. S. Ar.   S.B.F., t. V, p. 519.
H. N.
Al. 1866. — Orient. — Importé en 1876.
de race Saklawi-Djedran.
Lamballe : 1877-1879 (Pompadour en 1880).

895. **ACHAB**, P. S. Ar.   S.B.F., t. VI, p. 671.
H. N.
Gr. 1871. — Orient. — Importé en 1878.
De race Djiffan-Dahouah.
Hennebont : 1879-1883 (Pau en 1884).

896. **ADLAN**, P. S. Ar.   S.B.F., t. II, p. 1090.
H. N.
Gr. 1852. — Orient. — Importé en 1861.
Son père : Saklawi.
Sa mère : Saklawie.
Lamballe : 1861-1862.

897. **AINSI-SOIT-IL**, P. S. A.   S.B.F., t. II, p. 3.
H. N.
Al. 1858. — France.
Par *Weathergage* et *The Empress*, par Defence.
Hennebont : 1864-1869.

898. **AÏOUF**, P. S. Ar.   S.B.F., t. II, p. 1091.
H. N.
Gr. 1853. — Orient. — Importé en 1861.
Son père : Kohelan-el-Memerech.
Sa mère : jument des Anézis de Kimsa.
Lamballe : 1861-1866 (Pau en 1867).

899.   **ALGÉRIEN**, P. S. A.   S.B.F., t. I, p. 4.
H. N.
B. 1833. — France.
Par *Captain-Candid* et *Tigresse*.
Langonnet : 1837-1842. — Lamballe : 1843-1844.

900.   **ALLÈGRE**, P. S. Ar.   S.B.F., t. V, p. 520.
H. N.
Gr. 1873. — France.
Par *Dervich* et *Saada*.
Hennebont : 1877-1883.

901.   **ANACRÉON**, P. S. A. A.   S.B.F., t. II, p. 6.
H. N.
B. 1853. — France.
Par *Xénocrate*, A. A. et *Médicis*, par Hussein, Ar.
Hennebont : 1857.

902.   **ANGLESEA**, P. S. A.   S.B.F., t. I, p. 5.
H. N.
Al. 1830. — Angleterre. — Importé en 1837.
Par *Sultan* et *Mona*, par Partisan.
Langonnet : 1838-1846.

903.   **ANTITHÈSE**, P. S. A. A.   S.B.F., t. I, p. 6.
H. N.
B. 1842. — France.
Par *Napoléon* et *Delphine*, par Massoud, Ar.
Langonnet : 1851. — Hennebont : 1852-1859.
Lamballe : 1860-1861.

904.   **A-PROPOS**, P. S. A.   S.B.F., t. VI, p. 2.
H. N.
Al. 1876. — France.
Par *Bivouac* et *Amability*, par Empire.
Hennebont : 1881-1882.

905.   **AQUILON**, P. S. A.   S.B.F., t. V, p. 2.
H. N.
B. 1869. — France.
Par *Pretty-Boy* et *Aquarelle*, par Aguila ou Womersley.
Hennebont : 1876-1882.

906.   **ARC-EN-CIEL**, P. S. A. A.   S.B.F., t. II, p. 8.
H. N.
Bb. 1853. — France.
Par *Brocardo* et *Iris*, A. A., par Napoléon.
Lamballe : 1865-1866.

907.   **ARGUS**, P. S. A.   S.B.F., t. II, p. 8.
M. de Molon.
B. 1852. — France.
Par *Ionian* et *Olga*, par Premium.
Hennebont : 1859-1860.

908.   **ARTENAY,**   S.B.F., t. II, p. 9.
ex-**EMBOMPOINT**, P. S. A.
H. N.
B. 1850. — France.
Par *Polecat* et *Camélia*, par Camel.
Hennebont : 1858.

909.   **ASSAN**, P. S. Ar.   S.B.F., t. V, p. 520.
H. N.
Ro. 1873. — France.
Par *Dervich*, et *El Masa*.
Lamballe : 1877-1881.

910. AUGUSTE, ex-**LE POLONAIS**, P.S.A.   S.B.F., t. III, p. 2.
H. N.
B. 1863. — France.
Par *Monarque* et *Etoile-du-Nord*, par The Baron.
Hennebont : 1876-1879.

911.   **AVISO**, P. S. A. A.   S.B.F., t. II, p. 11.
H. N.
Al. 1852. — France.
Par *Xénocrate*, A. A., et *Nymphéa*, A. A., par Ben-Massoud,
A. A.
Lamballe : 1857-1870 (Tarbes en 1871).

912.   **AVRON**, P. S. A.   S.B.F., t. II, p. 11.
H. N.
Al. 1853. — France.
Par *Nuncio* et *Coquette*, par Master-Wags.
Lamballe : 1858-1861.

913.   **AZRAK**, P. S. Ar.   S.B.F., t. IV, p. 473.
H. N.
Gr. 1868. — Orient. — Importé en 1872.
De race Abeyan.
Hennebont : 1873-1880.

914.   **BAMBINO**, P. S. A.   S.B.F., t. III, p. 2.
H. N.
Bb. 1865. — France.
Par *The Flying-Dutchman* et *Officious*, par Pantaloon.
Lamballe : 1869-1870.

915. **BASQUE**, P. S. A. S.B.F., t. VIII, p. 8.
H. N.

Al. 1875. — France.
Par *Trocadéro* et *Bohémienne*, par West-Australian.
Lamballe : depuis 1886.

916. **BEAUVAIS**, P. S. A. S.B.F., t. III, p. 8.
H. N.

B. 1857. — France.
Par *Elthiron* et *Wirthschaft*, par Gigès.
Lamballe : 1872-1876.

917. **BÉCHIR**, P. S. Ar. S.B.F., t. I, p. 480.
H. N.

Gr. 1835. — Orient. — Importé en 1842.
Son père, Zachaïa, arabe.
Sa mère, Kadecha, arabe.
Lamballe : 1844-1849.— Langonnet : 1850.

918. **BÉLISAIRE**, P. S. A. S.B.F., t. I, p. 10.
H. N.

B. 1847. — France.
Par *Y. Emilius* et *Emiliana*.
Hennebont : 1851.

919. **BLUNDER**, P. S. A. A. S.B.F., t. I, p. 12.
H. N.

Al. 1832. — France.
Par *Général-Mina* et *Zoraïne*, par Aslan, Ar.
Langonnet : 1837-1838.

920. **BOLÉRO**, P. S. A. S.B.F., t. I, p. 12.
H. N.

B. 1844. — France.
Par *Y. Emilius* et *Doris*.
Lamballe : 1864-1867.

921. **BOUCHÈDE**, P. S. A. S.B.F., t. V, p. 80.
H. N.

Al. 1875. — France.
Par *Ruy-Blas* et *Blanche-of-Lancaster*, par Filbert.
Lamballe : 1879-1888.

922. **CARAMBA**, P. S. A. S.B.F., t. I, p. 14.
H. N.

B. 1838. — France.
Par *The Colonel* et *Y. Espagnolle*.
Langonnet : 1845-1848.

923. **CARHAIX**, P. S. A.   S.B.F., t. II, p. 26.
M. de Margeot.
B. 1874. — France.
Par *Franck* et *Marionette*, par Sylvio.

924. **CARLINO**, P. S. A.   S.B.F., t. I, p. 17.
H. N.
B. 1835. — France.
Par *Belmont* et *Carline*.
Langonnet : 1849-1853.

925. **CASSE-COU**, P. S. A.   S.B.F., t. II, p. 27.
H. N.
Bb. 1847. — France.
Par *Napoléon* et *Bride-of-Abydos*, par Belzoni.
Hennebont : 1853-1857.

926. **CASSIQUE**, P. S. A.   S.B.F., t. II, p. 28.
H. N.
B. 1850. — France.
Par *Y. Emilius* et *Cassica*, par Touchstone.
Hennebont : 1854-1859.

927. **CAWAS**, P. S. Ar.   S.B.F., t. IV, p. 474.
H. N.
Al. 1864. — Orient. — Importé en 1872.
De race Hamdani-Simri.
Lamballe : 1873-1876.

928. **CÉSAR**, P. S. A.   S.B.F., t. III, p.4.
H. N.
B. 1867. — France.
Par *Flibustier* et *Margot*, par Lantara.
Hennebont : 1874-1875.

929. **CHAMBOIS**, P. S. A.   S.B.F., t. VII, p. 8.
H. N.
Al. 1878. — France.
Par *Trocadéro* et *Miss-Capucine*, par The Ranger.
Lamballe : depuis 1883.

930. **CHANCELIER**, P. S. A.   S.B.F., t. IX, p. 8.
H. N.
Al. 1885. — France.
Par *Zut* et *Miss-Capucine*, par The Ranger.
Hennebont : depuis 1890.

931.   **CHASSENON**, P. S. A.   S.B.F., t. V, p. 5.
H. N.
B. 1872. — France.
Par *Gontran* et *Marguerite-d'Anjou*, par Womersley.
Lamballe : depuis 1878.

932.   **CLAUDIUS**, P. S. A.   S.B.F., t. VI, p. 6.
H. N.
B. 1867. — Angleterre. — Importé en 1878.
Par *Caractacus* et *Lady-Peel*, par Orlando.
Hennebont : 1885.

933.   **CORADIN**, P. S. A. A.   S.B.F., t. 1, p. 22.
H. N.
B. 1824. — France.
Par *Bédouin*, Ar. et *Vandyke-Junior Mare*.
Langonnet : 1842.

934.   **COURTOMER**,   S.B.F., t. V, p. 6.
ex-**MON-CHER**, P. S. A. — H. N.
B. 1872. — France.
Par Y. *Monarque* et *Spirite*, par Thunderbolt.
Hennebont : 1878-1879.

935.   **CRAVEN**, P. S. A.   S.B.F., t. II, p. 37.
H. N.
B. 1848. — Angleterre.
Par *Girofle* et *Mab*, par Ducan-Grey.
Lamballe : 1852-1857.

936.   **CROQUE-EN-BOUCHE**,   S.B.F., t. 1, p. 23.
P. S. A. — H. N.
Bb. 1842. — France.
Par *Lottery* et *Margarita*,
Langonnet : 1848-1852.

937   **CYRUS**, P. S. A. A.   S.B.F., t. V, p. 6.
H. N.
B. 1872. — France.
Par *Souvenir* et *Palestrine*, par Ali-Baba.
Lamballe : 1877-1887.

938.   **DANDOLO**, P. S. A.   S.B.F., t. 1, p. 24.
H. N.
B. 1834. — France.
Par *Holbein* et *Paméla*, par Tigris.
Lamballe : 1845-1847.

939.   **DANIEL**, P. S. A.   S.B.F., t. II, p. 38.
H. N.
Al. 1854. — France.
Par *Ballinkeele* et *Jessica*, par Bizarre.
Lamballe : 1860-1867.

940.   **DANUBE**, P. S. A.   S.B.F., t. VI, p. 7.
H. N.
Al. 1876. — France.
Par *The Rake* et *Novice*, par Marsyas.
Lamballe : 1881-1890.

941.   **DARFOUR**, P. S. Ar.   S.B.F., t. II, p. 1101.
H. N.
Gr. 1856. — France.
Par *Bagdadli* et *Gueusghisa*.
Lamballe : 1860-1880 (Perpignan en 1881).

942.   **DIAMANT**, P. S. A. A.   S.B.F., t. II, p. 42.
H. N.
Gr. 1854. — France.
Par *Prince-Caradoc* et *Opale*, par Hussein, Ar.
Hennebont : 1858-1870.

943.   **DINAR**, P. S. Ar.   S.B.F., t. V, p. 522.
H. N.
Al. 1868. — Orient. — Importé en 1876.
De race Chamar.
Hennebont : 1877-1886.

944.   **DORAT**, P. S. Ar.   S.B.F., t. V, p. 537.
H. N.
Ro. 1876. — France.
Par *Kélif* et *Bulbul*.
Hennebont : depuis 1886.

945.   **DUGUESCLIN**, P. S. A.   S.B.F., t. II, p. 44.
H. N.
B. 1852. — France.
Par *Caravan* et *Midsummer*, par Filho-da-Puta.
Lamballe : 1857-1858.

946.   **EDOUARD**, P. S. A. A.   S.B.F., t. I, p. 28.
H. N.
Bb. 1847. — France.
Par *Royal-Oak* et *Agar*, A. A.
Lamballe : 1851-1854.

947.   **ELECTRIQUE**, P. S. A.   S.B.F., t. II, p. 45.
H. N.
B. 1848. — France.
Par *Y. Emilius* et *Kermesse*, par Camel.
Lamballe : 1856-1865.

948.   **EYOUB**, P. S. Ar.   S.B.F., t. VI, p. 676.
H. N.
Gr. 1866. — Orient. — Importé en 1878.
De race Maneghi-Slalgé.
Hennebont : 1879-1883 (Pau en 1884).

949.   **FAUST**, P. S. A.   S.B.F., t. 1, p. 32
H. N.
B. 1838. — France.
Par *Hœmus* et *Amazone*.
Langonnet : 1842-1851.

950   **FESTIVAL**, P. S. A.   S.B.F., t. II, p. 55.
H. N.
B. 1851. — France.
Par *Nuncio* et *Bienséance*, par Friedland.
Lamballe : 1863. — Hennebont : 1864-1867.

951.   **FIOR**, P. S. A. A.   S.B.F., t. VI, p. 670
H. N.
B. 1876. — France.
Par *Tourmalet* et *Fiorella*, A. A., par Pilgrim.
Lamballe : 1881-1888.

952.   **FITZ-GIBOYER**, P. S. A.   S.B.F., t. II, p. 56.
H. N.
B. 1863. — France.
Par *Radetzki* et *Cavatine*, par Tarrare.
Lamballe : 1867.

953.   **FLIC-FLAC**, P. S. A. A.   S.B.F., t. II, p. 59.
H. N.
Bb. 1858. — France.
Par *Commodor-Napier* et *Nimphœa*, par Ben-Massoud, A. A.
Lamballe : 1871

954.   **FONTAINE-HENRY**, P. S. A. S.B.F., t. VI, p. 11.
H. N.
B. 1874. — France.
Par *Auguste* et *Dalilah*, par Rabelais.
Hennebont : 1880-1885.

955.   **FORTUNIO**, P. S. A.   S.B.F., t. II, p. 61.
Mis de Langle.
B. 1859. — France.
Par *Caravan* et *Esquisse*, par Sting.
Hennebont : 1869.

956.   **FRANCK**, P. S. A.   S.B.F., t. I, p. 35.
H. N.
B. 1833. — France.
Par *Rainbow* et *Vérona*.
Langonnet : 1841.

957.   **GABÈS**, P. S. A.   S.B.F., t. IX, p. 16.
H. N.
B. 1880. — France.
Par *Faublas* et *Alabama*, par Light ou Serious.
Hennebont : depuis 1886.

958.   **GALBA**, P. S. A.   S.B.F., t. V, p. 9.
H. N.
B. 1872. — France.
Par *Consul* et *Gourmande*, par Sting.
Hennebont : depuis 1884.

959.   **GÉRANIUM**, P. S. A.   S.B.F., t. II, p. 65.
H. N.
Al. 1852. — France.
Par *The Emperor* et *Anémone*, par Bizarre.
Lamballe : 1857-1858.

960.   **GISORS**, P. S. A.   S.B.F., t. IX, p. 16.
H. N.
B. 1882. — France.
Par *Saxifrage* et *Good-Night*, par Orphelin.
Lamballe : depuis 1889.

961.   **GOUVERNAIL**, P. S. A.   S.B.F., t. II, p. 70.
H. N.
B. 1859. — France.
Par *Collingwood* et *Miss Jenny*, par Ali-Baba.
Lamballe : 1864.

962.   **GOUVIEUX**, P. S. A.   S.B.F., t. II, p. 70.
H. N.
B. 1855. — France.
Par *Baron* ou *Lanercost* et *Fatima*, par Elis.
Lamballe : 1863-1878.

963. **GRAIN-D'OR**, P. S. Ar. S.B.F., t. VII, p.702.
H. N.
Al. 1879. — France.
Par *Wahab* et *Chandeleur*, par Emir.
Lamballe : depuis 1883.

964. **GRAND'LIEU**, P. S. A. S.B.F., t. III, p. 127.
M. de Molon.
Al. 1871. — France.
Par *Gontran* et *Drusilla*, par The Cossack.
Hennebont : 1877-1890.

965. **GRISOLET**, P. S. A. S.B.F., t. IX, p. 18
H. N.
Al. 1886. — France.
Par *Flageolet* et *Oulgouriska*, par Patricien.
Lamballe : depuis 1891.

966. **GUILLAUME-LE-TACITURNE**. S.B.F., t. II, p. 72
P. S. A. — H. N.
B. 1860. — France.
Par *The Flying-Dutchman* et *Strawberry-Hill*, par Old-England.
Lamballe : 1866-1880.

967. **HAZAËL**, P. S. Ar. S.B.F., t. IV, p.470
H. N.
Gr. 1865. — Orient. — Importé en 1872.
De race Saklaoui-Gédran.
Lamballe : 1874-1876.

968. **HÉMON**, P. S. A. A. S.B.F., t. I, p. 448
H. N.
Al. 1834. — France.
Par *Premium* et *Java*, Ar.
Lamballe : 1843-1844.

969. **HERING**, P. S. A. S.B.F., t. II, p. 802
M. Martin.
B. 1861. — France.
Par *The Prime-Warden* et *Phrygia*, par Phlegon.
Hennebont : 1871.

970. **HESHRI**, P. S. Ar. S.B.F., t. IV, p.470
H. N.
Al. 1861. — Orient. — Importé en 1872.
Son père : de race Richean-el-Châ'Arabi.
Sa mère : de race Ma'Anaki.
Hennebont : 1873-1884 (Tarbes en 1885).

971. **HESREF**, P. S. Ar. S.B.F., t. V, p. 526
H. N.
Gr. 1868. — Orient. — Importé en 1875.
De race Koheïlan-El-Noubi.
Hennebont : 1876-1879.

972. **HORACE**, P. S. A. S.B.F., t. I, p. 41
H. N.
B. 1841. — France.
Par *Mameluke* et *Bellone*.
Lamballe : 1849-1860.

973. **IMBROGLIO**, P. S. A. A. S.B.F., t. I, p. 42.
H. N.
Bb. 1840. — France.
Par *Paradox* et *Agar*, A. A.
Langonnet : 1844-1848.

974. **IHSMAËL**, P. S. A. A. S.B.F., t. I, p. 42
H. N.
B. 1842. — France.
Par *Y. Emilius* et *Galathée*.
Langonnet : 1848-1849.

975. **JANSON**, ex-**JOUJOU**, S.B.F., t. VIII, p. 919.
P. S. A. A. — H. N.
B. 1882. — France.
Par *Vulcan* et *Ebauche*, par Harami, Ar.
Hennebont : 1886-1887.

976. **JEAN-BART**, P. S. A. S.B.F., t. I, p. 43.
H. N.
B. 1834. — France.
Par *Harlequin* et *Nanny-Shanks*.
Langonnet : 1839-1842. — Lamballe : 1843.

977. **JESPINEY**, P. S. A. S.B.F., t. II, p. 78.
H. N.
B. 1856. — France.
Par *The Prime-Warden* et *Podarge*, par Royal-Oak.
Lamballe : 1863.

978. **KEHELAN-SACLAWI**, S.B.F., t. I, p. 446.
P. S. Ar. — H. N.
Al. 1845. — Arabie. — Importé en 1850.
Hennebont : 1851-1864.

979.   **KÉRIM**, P. S. Ar.   S.B.F., t. II, p. 1113.
H. N.
Gr. 1854. — France.
Par *Bagdadli* et *Amine*, par Laïsum.
Lamballe : 1858-1870.

980.   **KIRSCH**, P. S. A.   S.B.F., t. IX, p. 24.
H. N.
Al. 1883. — France.
Par *Plutus* et *Kyrielle*, par Tabac.
Lamballe : depuis 1889.

981.   **KUR-PACHA**, P. S. Ar.   S.B.F., t. II, p. 1113.
H. N.
Gr. 1850. — Orient. — Importé en 1854.
Né chez les Chammar de Djézireh.
Lamballe : 1855-1859.

982.   **LE LUTIN**, P. S. A.   S.B.F., t. IV, p. 43
H. N.
B. 1868. — France.
Par *Gustave* et *Cast-Off*, par Newminster.
Lamballe : 1874-1875.

983.   **LE PIÉGEUR**, P. S. A.   S.B.F., t. VIII, p. 24.
H. N.
B. 1879. — France.
Par *Don Carlos* et *Nichette*, par Beauvais.
Hennebont : depuis 1888.

984.   **LIBAN**, P. S. Ar.   S.B.F., t. IV, p. 480
H. N.
Gr. 1864. — Orient. — Importé en 1872.
De race Ma'Anaki.
Lamballe : 1873-1876.

985.   **LIEUTENANT**, P. S. A.   S.B.F., t. I, p. 48.
H. N.
B. 1845. — France.
Par *Royal-Oak* et *Lydia*.
Langonnet : 1849. — Lamballe : 1864-1867.

986.   **LISERON**, P. S. A.   S.B.F., t. II, p. 85
M. de Landemont, 1866; M. du Rusquec, 1867.
Al. 1861. — France.
Par *Womersley* ou *Pretty-Boy* et *Vision*, par Marcellus.
Lamballe : 1866-1873.

987. **MAHOMET**, P. S. Ar. S.B.F., t. II, p. 1115.
H. N.
Aub. 1850. — France.
Par *Hamdani-Blanc* et *Kenhlan-Yemani*.
Lamballe : 1854.

988. **MARIN**, ex-**SANS-NOM**, S.B.F., t. V, p. 13.
P. S. A. — H. N.
Bb. 1866. — France.
Par *Sting* et *Sérénade*, par Festival.
Lamballe : 1876-1889.

989. **MARS**, P. S. A. S.B.F., t. I, p. 53.
H. N.
Al. 1842. — France.
Par *Général-Mina* ou *Dangerous* et *Folla*.
Langonnet : 1847-1852.

990. **MASTRILLO**, P. S. A. S.B.F., t. II, p. 93.
H. N.
Bb. 1850. — France.
Par *Sylvio* et *Miss-Ann*, par Figaro.
Hennebont : 1867-1869.

991. **MAURICE**, P. S. A. A. S.B.F., t. II, p. 93.
H. N.
Bb. 1851. — France.
Par *Kehel*, A. A., et *Mauricette*, A. A., par Hussein, Ar.
Lamballe : 1855-1869.

992. **MAXIMILIEN**, P. S. A. S.B.F., t. I, p. 54.
H. N.
B. 1847. — France.
Par *Dangerous* et *Anne-de-Bretagne*.
Lamballe : 1844-1849.

993. **MÉCRÉANT**, P. S. A. S.B.F., t. VIII, p. 22
H. N.
B. 1881. — France.
Par *Androclès* et *La Tamise*, par Marksman.
Hennebont : 1886-1889.

994. **MERWAN**, P. S. Ar. S.B.F., t. VI, p. 677
H. N.
Gr. 1872. — Orient. — Importé en 1878.
De race Abou-Djounoub.
Hennebont : 1879-1887.

995.   **MIGNON**, ex-**BRUGNON**,   S.B.F., t. V, p. 14.
P. S. A. A. — H. N.
Al. 1871. — France.
Par *Womersley* et *Belle-de-Jour*, par Emir, Ar.
Hennebont : 1877.

996.   **MIRACULEUX**, P. S. A.   S.B.F., t. I, p. 56.
H. N.
B. 1839. — France.
Par *Hæmus* et *Y. Miracle*.
Langonnet : 1843-1849.

997.   **MOHAMMED**, P. S. A. A.   S.B.F., t. II, p. 1116.
H. N.
Al. 1851. — France.
Par *Rajah*, Ar., et *Médéah*, par Chatterton.
Hennebont : 1855 (Besançon en 1856).

998.   **MONTMIRAIL**, P. S. A. A.   S.B.F., t. I, p. 58.
H. N.
Al. 1837. — France.
Par *Napoléon* et *Cloris*, par Aslan, Ar.
Langonnet : 1845-1852.

999.   **MOUMOUR**, P. S. A. A.   S.B.F., t. VI, p. 48.
H. N.
Gr. 1877. — France.
Par *Abdel*, Ar., et *Regina*, par Lambro, Ar.
Lamballe : depuis 1881.

1000.   **MUEZZIN**, P. S. A.   S.B.F., t. I, p. 59.
H. N.
B. 1833. — Angleterre. — Importé en 1837.
Par *Sultan* et *Miss-Cantley*, par Stamford.
Langonnet : 1837-1842. — Lamballe : 1843-1850.

1001.   **NAUTILUS**, P. S. A.   S.B.F., t. I, p. 60.
H. N.
B. 1835. — France.
Par *Cadland* et *Vittoria*.
Lamballe : 1856-1860.

1002.   **NÉZIB**, P. S. A. A.   S.B.F., t. VIII, p. 24.
H. N.
B. 1882. — France.
Par *Nassim*, Ar., et *Florine*, par Ceylon.
Hennebont : depuis 1886.

p. 44.

1003. **OAKAB**, P. S. Ar. S.B.F., t.I, p.453.
H. N.
Gr. 1840. — France.
Par *Saklawie-Amdani* et *Balsora*.
Langonnet : 1852. — Hennebont : 1853-1857.

p. 56.

1004. **ORESTE**, P. S. A. S.B.F., t.I, p.62.
H. N.
Al. 1840. — France.
Par *Terror* et *Brunette*.
Langonnet : 1847-1848.

2. 1110.

1005. **ORPHELIN**, P. S. A. A. S.B.F., t.VIII, p.25.
H. N.
Al. 1883. — France.
Par *Nassim*, Ar. et *Bigourdane*, par Ceylon.
Hennebont : 1887-1888.

, p. 63

1006. **PADDY-WHACK**, S.B.F., t.I, p.63.
P. S. A. — H. N.
B. 1838. — France.
Par *Anglesea* et *Orvillina*.
Lamballe : 1843. — Langonnet : 1844-1845.

T, p.48

1007. **PAIN-D'ÉPICE**, S.B.F., t.I, p.63.
P. S. A. — H. N.
B. 1839. — France.
Par *Pick-Pocket* et *Cloton*.
Lamballe : 1844-1851.

I, p. 60.

1008. **PARADOX**, P. S. A. S.B.F., t.I, p.64.
H. N.
B. 1827. — Angleterre. — Importé en 1834.
Par *Merlin* et *Pawn*, par Trumpator.
Lamballe : 1843-1844.

I, p.60.

1009. **PARADOXE**, P. S. A. S.B.F., t.VI, p.20.
H. N.
Al. 1872. — France.
Par *Suzerain* et *Euréka*, par Womersley.
Lamballe : 1881-1887.

II, p.24.

1010. **PATCHOULI**, P. S. A. S.B.F., t.VII, p.24.
M. Ouizille, 1885. — M. Dimpault, 1890.
B. 1878. — France.
Par *Plutus* et *Duchess-of-Athol*, par Blair-Athol.
Hennebont : 1885-1890. — Lamballe : depuis 1891.

1011.   **PATRIOTE**, P. S. A.   S.B.F., t.V, p.47.
H. N.
B. 1871. — France.
Par *Vingt-Mars* et *Mademoiselle-de-la-Seiglière*, par Balthazar.
Hennebont : 1877-1889.

1012.   **PHŒBUS**, P. S. A.   S.B.F., t.II, p.112.
H. N.
Bb. 1855. — France.
Par *The Baron* et *Ténébreuse*, par Y. Emilius.
Lamballe : 1865-1868.

1013.   **PICKLE**, P. S. A.   S.B.F., t.I, p.68.
H. N.
B. 1833. — France.
Par *Mustachio* et *Luna*.
Langonnet : 1839-1848.

1014.   **PIÉTRO**, P. S. A.   S.B.F., t.III, p.12.
M. Lemée. — Mis de Langle.
Al. 1865. — France.
Par *Pretty-Boy* et *Huguette*, par Elthiron.
Hennebont : 1870-1872.

1015.   **PITRE**, P. S. A.   S.B.F., t.I, p.60.
H. N.
Al. 1844. — France.
Par *Napoléon* ou *Marcellus* et *Creusa*.
Langonnet : 1850.

1016.   **PLEWNADJI**, P. S. Ar.   S.B.F., t.VI, p.678.
H. N.
Gr. 1866. — Orient. — Importé en 1878.
De race Kebeichan-el-Mouchat
Hennebont : 1879-1883.

1017.   **PLUDUNO**, P. S. A.   S.B.F., t.II, p.113.
M. de Margeot.
Bb. 1854. — France.
Par *The Prime-Warden* et *Midsummer*, par Filho-da-Puta.
Lamballe : 1859-1870.

1018.   **POURCEAUGNAC**,   S.B.F., t.I, p.70.
P. S. A. — H. N.
B. 1839. — France.
Par *Pick-Pocket* et *Odine*.
Langonnet : 1844-1849.

1019. **PRATIQUE**, P. S. A.   S.B.F., t.IV, p.18.
H. N.

B. 1860. — Angleterre. — Importé en 1872.
Par *Newminster* et *Patience*, par Lanercost.
Hennebont : 1873 (La Roche-sur-Yon en 1874).

1020. **PRINCE-CARADOC,**   S.B.F., t. 1, p. 71.
P. S. A. — H. N.

B. 1838. — Angleterre. — Importé en 1847.
Par *The Colonel* et *Queèn-of-Trumps*, par Velocipede.
Langonnet : 1850.

1021. **PUNCH**, P. S. A.   S.B.F., t.II, p.118.
H. N.

Bb. 1843. — France.
Par *Paradox* et *Marionnette*, par Sylvio.
Lamballe : 1852-1860.

1022. **PYGMALION**, P. S. A.   S.B.F., t.II, p.118.
H. N.

Bb. 1860. — France.
Par *Pédagogue* et *Fille-de-Marbre*, par Nunny-Kirk.
Lamballe : 1864.

1023. **QUINTESSENCE**, P. S. A.   S.B.F., t.I, p.73.
H. N.

B. 1842. — France.
Par *Y. Emilius* et *Y. Espagnolle.*
Hennebont : 1854-1856.

1024. **RABBIN**, P. S. Ar.   S.B.F., t. I, p. 456.
H. N.

B. 1843. — France.
Par *Laïsum* et *Hamdanie.*
Lamballe : 1847-1849.

1025. **RATON**, P. S. Ar.   S.B.F., t. IV, p. 483.
H. N.

Gr. 1868. — France.
Par *Batma* et *Fatma.*
Hennebont : 1873-1878.

1026. **RÉAUMUR**, P. S. A.   S.B.F., t. VII, p. 26.
H. N.

B. 1878. — France.
Par *Pompier* et *Rivale*, ex-*Vedette*, par Y. Gladiator.
Hennebont : depuis 1882.

1027. **RÉBUS**, P. S. Ar.   S.B.F., t. I, p. 457.
H. N.
Al. 1843. — France.
Par *Mesrur* et *Dalila*.
Langonnet : 1847-1850.

1028. **RICHEMONT**, P. S. A.   S.B.F., t. 1, p. 75.
H. N.
N. 1835. — France.
Par *Peter-Lely* et *Princess Mary*.
Langonnet : 1848-1849.

1029. **ROI-DE-ROME**, P. S. A.   S.B.F., t. I, p. 77.
H. N.
B. 1841 — France.
Par *Napoléon* et *Sapho*.
Lamballe : 1853.

1030. **ROMEUX**, P. S. A.   S.B.F., t. II, p. 125.
H. N.
Al. 1861. — France.
Par *First-Born* et *The Heiress*, par Vestment.
Lamballe : 1865-1883.

1031. **ROUGE-ET-NOIR**, P. S. A.   S.B.F., t. V, p. 18.
H. N.
B. 1873. — France.
Par *Gontran* et *Bamboche*, par Womersley.
Hennebont : 1877-1879.

1032. **ROYAL-FORT**, P. S. A.   S.B.F., t. II, p. 126.
H. N.
B. 1862. — France.
Par *Royal-Quand-Même* et *Dalilah*, par Rabelais.
Hennebont : 1866-1887.

1033. **RUSCHAN**, P. S. Ar.   S.B.F., t. IV, p. 484.
H. N.
Gr. 1867. — Orient. — Importé en 1873.
Son père : Augan.
Sa mère : Sadra.
Hennebont : 1874-1882.

1034. **SAINT-AIGNAN**, P. S. A.   S.B.F., t. II, p. 128.
H. N.
Bb. 1858. — France.
Par *Iago* et *Emilia*, par Y. Emilius.
Hennebont : 1865-1878.

1035. **SAKLAWI-DJÉDRAN**, S.B.F., t.I, p.459.
P. S. Ar. — H. N.

Gr. 1834. — Orient. — Importé en 1850.
Son père : Saklawi.
Sa mère : Saklawie.
Lamballe : 1852-1860.

1036. **SAMY-BEY**, P. S. Ar. S.B.F., t.IV, p. 485.
H. N.

B. 1867. — Syrie. — Importé en 1872.
De race Hamdanie.
Lamballe : 1873. — Hennebont : 1874-1880.

1037. **SANS-REPROCHE**, S.B.F., t.V, p.19.
P. S. A. A. — H. N.

Gr. 1873. — France.
Par *Rabdan*, Ar., et *Réveille-Matin*, par Bagdadli, Ar.
Hennebont : 1878-1884.

1038. **SCAPIN**, P. S. A. S.B.F., t.IV, p.20
Cte de Courte.
Bb. 1868. — France.
Par *Feruk-Khan* et *Féronie*, par Commodor-Napier.
Hennebont : 1877-1886.

1039. **SCHAMI**, P. S. A. A. S.B.F., t.I, p.234.
H. N.

Gr. 1841. — France.
Par *Franck* et *Girfah*, par Antar, Ar.
Langonnet : 1846-1851.

1041. **SÉLIM**. P. S. A. A. S.B.F., t.II, p.131
H. N.

Gr. 1845. — France.
Par *Dursi*, Ar., et *Ada*, par Captain-Candid.
Lamballe : 1851-1853.

1042. **SEYMOUR**, P. S. A. S.B.F., t.VI, p.25
H. N.

Al. 1877. — France.
Par *Révigny* et *Mon-Etoile*, par Fitz-Gladiator.
Lamballe : 1881-1889.

1040. **SHOUAÏMAN**, P. S. Ar. S.B.F., t.I, p.462
H. N.

Gr. 1818. — Arabie. — Importé en 1834.
Lamballe : 1843.

I, p. 451.

I, p. 75.

I, p. 77.

II, p. 125.

V, p. 18.

II, p. 126.

IV, p. 481.

II, p. 128.

1043.   **SPOSO**, P. S. A.   S.B.F., t. IX, p. 35.
H. N.
B. 1883. — France.
Par *Plutus* et *Promise*, par Monarque.
Lamballe : depuis 1888.

1044.   **STARLIGHT**, P. S. A.   S.B.F., t. II, p. 136.
M. de Langle.
Al. 1858. — Angleterre.
Par *Chanticleer* et *Sunflower*, par Bay-Middleton.
Hennebont : 1867-1870.

1045.   **SULTAN**, P. S. A. A.   S.B F., t. VI, p. 26.
H. N.
B. 1875. — France.
Par *Harami*, Ar,, et *Fatima*, par Dankali, Ar.
Lamballe : 1879-1889.

1046.   **SYBARITE**, P. S. A.   S.B.F., t. II, p. 138.
H. N.
B. 1860. — France.
Par *Pédagogue* et *Baïonnette*, par Irish-Birdcatcher.
Lamballe : 1864.

1047.   **TITUS**, P. S. A.   S.B.F., t. I, p. 91.
H. N.
Al. 1839. — France.
Par *Dangerous* et *Bérénice*.
Lamballe : 1844-1848 (Braisne en 1849).

1048.   **TOURAYAZI**, P. S. Ar.   S.B.F., t. IV, p. 486.
H. N.
Gr. 1864. — Orient. — Importé en 1873.
Lamballe : 1874-1882 (Pompadour en 1883).

1049.   **TRIOMPHE**, P. S. A.   S.B.F., t. VI, p. 27.
H. N.
B. 1875. — France.
Par *Suzerain* et *Rafale*, par Charlatan.
Hennebont : depuis 1881.

1050.   **ULYSSE**, P. S. A.   S.B.F., t. I, p. 91.
H. N.
B. 1843. — France.
Par *Elis* et *Déception*, par Defence.
Lamballe : 1853-1857.

1051.   **VALENTINO**, P. S. A.   S.B.F., t. IV, p. 22.
H. N.
Al. 1860. — France.
Par *Saint-Germain* et *Théodora*, par The Emperor.
Hennebont : 1874. — Lamballe : 1875-1882.

1052.   **VA-NU-PIEDS**, P. S. A.   S.B.F., t.I, p.96.
H. N.
B. 1843. — France,
Par *Physician* ou *Royal-Oak* et *Vittoria*.
Lamballe : 1848.

1053.   **VENGEUR**, P. S. A.   S.B.F., t. IV, p. 23.
H. N.
B. 1871. — France.
Par *Plutus* et *Panique*, par Alarm.
Hennebont : 1875-1878.

1054.   **VERDELAY**, P. S. A.   S.B.F., t. II, p. 151.
H. N.
B. 1853. — France.
Par *Gladiator* et *Polixène*, par Gigès.
Hennebont : 1859. — Lamballe : 1860.

1055.   **VERMILLON**, P. S. A.   S.B.F., t. II, p. 151.
M. Coazidon.
Al. 1860. — France.
Par *The Cossack* et *Vermeille*, ex-*Merveille*, par The Baron.
Lamballe : 1865-1868.

1056.   **VOYAGEUR**,   S.B.F., t. II, p. 154.
ex-**MAZULINE**, P. S. A. A.
M. de Margeot.
B. 1847. — France.
Par *Royal-Oak* et *Zicha*, A. A., par Napoléon.
Lamballe : 1859-1860.

1057.   **WHITE-FACE**, P. S. A.   S.B.F., t. I, p. 100.
H. N.
Al. 1837. — France.
Par *Pick-Pocket* et *Ida*.
Lamballe : 1844. — Langonnet : 1845-1849.

1058.   **WILLIAM**, P. S. A.   S.B.F., t. I, p. 100.
H. N.
B. 1842. — France.
Par *Tarrare* et *Ida*.
Lamballe : 1852-1855.

1059. **WINDHAM**, P. S. A.   S.B.F., t. III, p. 16.
H. N.
B. 1861. — Angleterre.
Par *Windhound* et *Fright*, par Alarm.
Lamballe : 1872-1882.

1060. **Y. BRANDIFACE**, P. S. A.   S.B.F., t. II, p. 21.
H. N.
Bb. 1853. — France.
Par *Brandy-Face* et *Jane*, par Deucalion.
Lamballe : 1864-1873.

1061. **Y. MONARQUE**, P. S. A.   S.B.F., t. II, p. 98.
H. N.
B. 1863. — France.
Par *Monarque* et *Sunrise*, par Sunset.
Lamballe : 1876-1881.

1062. **Y. NAPIER**, P. S. A.   S.B.F., t. II, p. 102.
H. N.
B. 1853. — France.
Par *Napier* et *Valentine*, par Ibrahim.
Lamballe : 1858-1860.

1063. **Y. SNAIL**, P. S. A.   S.B.F., t. I, p. 88.
H. N.
B. 1827. — France.
Par *Snail* et *Comus Mare*.
Langonnet : 1842-1848.

1064. **YOUSSOUF**, P. S. A. A.   S.B.F., t. I, p. 101.
H. N.
Al. 1835. — France.
Par *Bedouin*, Ar., et *Hirondelle*, par Haleby, Ar.
Langonnet : 1841-1846.

1065. **YRIEIX**, P. S. A.   S.B.F., t. II, p. 160.
H. N.
Al. 1849. — France.
Par *Prospero* et *Iris*, par Napoléon.
Hennebont : 1858-1859.

ERRATA ET ADDENDA

ERRATA ET ADDENDA

Page 510. — Lire : **SAOUY,** S.B.F., t. II, p. 112.
P. S. Ar. — H. N.

Gr. 1865. — France.
Par *Bagdali* et *Moheleda*, par Hussein.

TABLE ALPHABÉTIQUE

TABLE ALPHABÉTIQUE

A

	Pages.		Pages.
Abadie	461	Anténor, par Anténor et John-Norfolk	417
Abdallah	525	Anténor, par Anténor et Géronte	417
Abd-el-Kader	461	Anténor, par Anténor et jument bretonne	417
Accacia (V. Augias, n° 380)	464	Anténor, par Y. Rattler	463
Achab	525	Antithèse	526
Ackel	461	Apollon	417
Acteur	461	A-Propos	526
Adieu-Vat, par Philibert ou Patrocle	417	Aquilon	526
Adieu-Vat, par Grain-d'Or	417	Arc-en-Ciel	526
Adlan	525	Archi	463
Aérien (V. Asdrubal, n° 374.)	463	Argenteuil	463
Agésilas	461	Argus	527
Agitation	462	Arioste, par Orfila	463
Agrippa	461	Arioste, par Ignoré (V. Anachorète, n° 368)	462
Ainsi-Soit-Il	525	Armoricain	418
Aïouf	525	Artenay	527
Airan (V. Attorney, n° 377.)	463	Arthur	463
Alban	462	Arthus, par Fire-King	418
Alcala	462	Artiste (V. Jujube, n° 159)	436
Alerte	462	Artus, par Rabelais ou Tambour	418
Algérien	526	Asdrubal	463
Algue (V. Hérisson, n° 120)	431	Assan	527
Allègre	526	Astor (V. Feston, n° 80)	426
All-Fours	462	Atao	418
Alonzo-the-Brave	462	Atalmuc	418
Althorp-Wonder	462	Athis	463
Amasis	462	Attila, par Bataille (V. Hunter, n° 132)	432
Anachorète	462		
Anacréon	526		
Anglesea	526		

	Pages.		Pages.
Attila, par Othello	403	*Avenir* (V. *Argenteuil*, n° 371)	463
Attorney	463	*Aviso*	527
Aubigny,	464	*Avron*	527
Aubriot	418	*Axis*	464
Aubriot II	418	*Azi* (V. *Amasis*, n° 367)	462
Auger	464	*Azor*	464
Augias	464	*Azrak*	527
Auguste	527		

B

	Pages.		Pages.
Babel	464	*Bégonia*	466
Babeuf	464	*Bélidor*	467
Babilas	464	*Bélisaire*	528
Bacchus, par Eperon	464	*Bélus*	467
Bacchus, par Noirmont	465	*Ben-Kadour*	467
Badin (V. *Babel*, n° 383)	464	*Ben-Taïeb*	467
Bagot	465	*Berthier*	467
Bajazet	465	*Beuvron*	467
Bajazet II (V. *Gygès*, n° 112)	430	*Bey-Ali*	467
Baladin, par Y. Kurde	465	*Bijou*, par Gobillard	419
Baladin, par Qu'en-Pensez-Vous (V. *Babeuf*, n° 384)	464	*Bijou*, par Ugolin	467
Balder	465	*Bitley*	467
Balthazar, par Valencourt (V. *Halévy*, n° 555)	484	*Black-Fire-Away*	468
Balzac	465	*Black-Hero*	468
Bambino	527	*Black-Norfolk*	468
Banco	465	*Blavès* (V. *Taupin*, n° 302)	452
Barde	465	*Blue-Roan*	468
Bar-le-Duc	466	*Blunder*	528
Baryton, par Ottoman	466	*Bois-le-Duc*	468
Baryton, par Baryton	418	*Boléro*	528
Basque	528	*Bonbon*	468
Bassano	466	*Bon-Espoir*, par Nique (V. *Balder*, n° 391)	465
Bataclan II	466	*Bon-Espoir*, par The General (V. *Hallali*, n° 113)	430
Bataille	466	*Bordeu*	468
Bayard	419	*Bouchède*	528
Bay-Champion	466	*Boucicaut*	468
Beauchêne	419	*Boxeur*, par Boxeur	419
Beau-Séjour	466	*Boxeur*, par Ingres (V. *Carême*, n° 30)	420
Beau-Sire (V. *Bajazet*, n° 389)	465	*Boxeur*, par Telegraph	468
Beauvais, p. Orfila ou Rostrum	466	*Boy-Argent*	419
Beauvais, par Elthiron	528	*Brahma*	469
Béchir	528	*Brasier*	469
		Bréhan, par Nautilus	419
		Bréhan, par Taulé (V. *Erèbe*, n° 72)	425

	Pages.		Pages.
Breslau	469	*Brugnon* (V. *Mignon*, nº 995)	538
Breton	419	*Brun*	420
Bretonneau	419	*Burgos*	469
Brillantin	419	*Byron*	420
Brody	469		
Bronze	469		

C

Name	Pages.	Name	Pages.
Caboteur	469	*Cherly*, par Cheerly	421
Cabotin	469	*Chevreuil*	472
Cacus	420	*Chibouck*	472
Cadet	470	*Claudius*	530
Cadi	420	*Clin-d'Œil*	421
Caïd	470	*Clotaire*	472
Caligula	470	*Cob*	421
Calvin	420	*Coco* (V. *Tall-Guen*, nº 299)	452
Cambremer	470	*Cœur-de-Chêne*	472
Camoëns	470	*Colporteur*	472
Camouflet	470	*Comet*	472
Campana	470	*Confidence*	472
Campiston	470	*Conquérant*, par Kapirat	472
Canisy	470	*Conquérant*, par Sandy	472
Carabi	420	*Conquet*	421
Caramba	528	*Consul*	473
Carême, par Ingres	420	*Coq-du-Liban*	421
Carême, par Corlay	420	*Coradin*	530
Carhaix	529	*Coriander*	473
Carlino	529	*Corlay*	421
Casino	471	*Cornac*	473
Casse-Cou	529	*Corsaire* (V. *Canisy*, nº 438)	470
Cassique	529	*Cosaque*, par Amasis	422
Castor	471	*Cosaque*, par Armoricain (V. *Itys*, nº 147)	434
Caucase	471	*Cosmilin*	422
Caumartin	420	*Courageux*, par Aubriot	422
Cawas	529	*Courageux*, par Henry (V. *Campana*, nº 436)	470
Centaure	471	*Courageux*, par Pâris (V. *Campiston*, nº 437	470
César	529	*Courtomer*	530
Chambois	529	*Craven*	530
Champaubert	471	*Crésus* (V. *Camoëns*, nº 434)	470
Champion, par Quondam	421	*Cronstad*	473
Champion, par Newton	471	*Croque-en-Bouche*	530
Chance	471	*Cuirassier*	473
Chancelier	529	*Cyrius*	422
Chaperon	471	*Cyrus*	530
Charlot	421		
Chassenon	530		
Cheerly, par Lagopède	471		
Chéri	421		

D

	Pages.
Dagobert (V. Dahomey, no 46)...............	422
Dahomey................	422
Dandolo................	530
Danicheff............	422
Daniel................	531
Danube................	531
Darfour...............	531
Dauphin, par Dauphin et Flying-Cloud (V. Danicheff, no 47)...........	422
Dauphin, par Dauphin et jument bretonne........	422
Dauphin, par Printemps..	473
Dauphin, par Rustique...	422
Dauphin, par Plouënan...	422
David................	473
Dear-Manor............	423
Décidé................	423
Defender..............	473
Denain................	473
Dennemarck (V. Midlothian, no 688).........	498

	Pages.
Derham-Gentleman.....	474
Derviche..............	423
Diable-au-Corps.......	474
Diamant..............	531
Dickens...............	423
Dilavar..............	423
Dilo (V. Gersey, no 99)...	428
Dilul................	423
Dinan................	423
Dinar................	531
Dinard (V. Dickens, no 54)	423
Divin................	474
Djérid...............	474
Dolman (V. Isomès, no 145)	434
Donjon...............	474
Dorat...............	531
Drapeau..............	423
Dream...............	474
Drôle-de-Corps.........	474
Duguesclin............	531
Duperré..............	423
Duroc................	474
Duvallon..............	424

E

	Pages.
Echanson..............	474
Echion................	424
Echis................	424
Eclair (barbe)..........	475
Eclair, par Chambois....	424
Eclair, p. Seymour (V. Eclefin, no 64)..........	424
Eclefin...............	424
Ecolier...............	475
Ecureuil, par Eléazar....	424
Ecureuil, par Mahomet................	475
Eden................	475
Edgard...............	475
Edouard..............	531
Eléazar..............	475
Electrique............	532
Elégant..............	475
Elphège..............	475
Embonpoint (V. Artenay, no 908)..............	527

	Pages.
Emeutier, p. Emeutier (V. Eraway, no 71).......	425
Emeutier, par Richard (V. Urbise, no 325).....	455
Emeutier, par Prince.....	475
Emeutier II............	424
Empirique............	476
Enée................	476
Energumène...........	476
Enghien..............	476
Ennui................	476
Entrain.............	476
Epaminondas.........	476
Epi-d'Or (V. Iverny, no 148)................	434
Epopte...............	424
Erable...............	424
Eradier..............	425
Erard................	425
Erasmus..............	476
Eraway..............	425

— VII —

	Pages.		Pages.
Erèbe	425	*Espoir*, p. Kapirat (V. *Eco-lier*, no 475)	475
Erian	425	*Etendard*	477
Ermite	476	*Etienne*	477
Eryon	425	*Etonnant*, par Fire-King (V. *Gaston*, no 96)	428
Esaïte	425	*Etonnant*, par Idalis	477
Escot (V. *Cadet*, no 430)	470	*Etretat*	477
Esope	477	*Exilé*	477
Espiègle (V. *Guingamp*, no 108)	429	*Exposé* (V. *Enghien*, no 487)	476
Espion	477	*Eyoub*	532
Espoir, par Karl	425		

F

	Pages.		Pages.
Fabiano	477	*Fleury*, par Quatrain	426
Factotum	477	*Fleury*, par Lord-of-the-Manor	426
Fairfax	478	*Flibustier*, par Oscar	479
Faisan (V. *Ferret*, no 510)	478	*Flibustier*, par Ugolin	479
Fakir	478	*Flic-Flac*	532
Falmouth	426	*Floréal*	479
Fancy-Boy	478	*Flying-Buck*	479
Fantaisiste	426	*Flying-Cloud*, par Flying-Cloud	427
Fataliste	478	*Flying-Cloud* (B. 1856)	480
Faune	478	*Folgoët*	427
Faust	532	*Foll*	427
Félon	478	*Fontaine-Henry*	532
Ferdinand	426	*Fortuné*	480
Féréol	478	*Fortunio*	533
Fernando	478	*Fourni*	480
Ferret	478	*Foxhall*	427
Festival	532	*Fragon*	480
Feston	426	*Franck*	533
Figaro, par Mars	426	*Franc-Luron* (V. *Jarnac*, no 153)	435
Figaro, par Lavater	479	*Francœur*	427
Filateur	479	*François II*	427
Fior	532	*Friedland* (V. *Fronsac*, no 524)	480
Fire-Away	479	*Fronsac*	480
Fire-King (1/2 s. Norf)	479	*Frontin*	480
Fire-King, par Usus (V. *Echis*, no 62)	424		
Firman	479		
Fitz-Giboyer	532		
Fitz-Windham	426		

G

	Pages.		Pages.
Gabelou (V. *Good*, no 541)	482	*Galantin*	427
Gabès	533	*Galba*	533
Gaëtan (V. *Géraudel*, no 532)	481	*Galilée*	480

Pages.
474
423
474
531
423
423
428
423
423
531
423
474
474
434
474
531
423
474
474
531
423
474
424

425

455
475
424
476
476
476
476
476
476
476

434
424
424
425
425
476
425

	Pages.		Pages.
Gallipoly	412	*Good-Night*	482
Gallus	480	*Gouïall*	429
Galopin	427	*Gourmet*	482
Gantelet	428	*Gouvernail*	533
Gaspard, par Hermès	428	*Gouvieux*	533
Gaspard, par Valencourt	480	*Gouvieux* II	429
Gaster	428	*Gracieux*	482
Gaston	428	*Grain-d'Or*	533
Gengis-Khan	481	*Grand'lieu*	533
Gentil, par Scapin	428	*Great-Gun*	483
Gentil, par Y. Muley	481	*Grégoire*, par Sénégal	429
Gentleman	481	*Grégoire*, par Bataille (V. *Hospodar*, n° 130)	432
Géranium	533	*Grégoire*, par Chasseur	483
Géraste	428	*Grey-Shales*	483
Géraudel	481	*Griot*	483
Géronte	481	*Grippe-Sou*	429
Gersey	428	*Gris-Gris*	483
Girondin	481	*Grisolet*	533
Gisors	533	*Grison*	483
Glaneur	481	*Grosville*	483
Glazard	428	*Guéménée*	429
Gobert	481	*Guignol*	429
Gobillard	481	*Guignolet*	483
Godin	482	*Guillaume-le-Taciturne*	534
Golden	429	*Guyéder*, par Grey-Shales	430
Golden-Eclipse	482	*Guyéder*, par Gaspard	430
Golden-Leaf	482	*Guyéder*, par Plouënan	430
Good	482	*Gyas*	483
Good-By, par Good-By (V. *Dilul*, n° 56)	423	*Gygès*	430
Good-By, par Highflyer	482		

H

	Pages.		Pages.
Halévy	484	*Hatteras*	431
Hallali	430	*Hazaël*	534
Halo	484	*Hector*	431
Hamac	484	*Hégésippe*	485
Hamadan	484	*Héliodore*	485
Hambourg	484	*Héliotrope*	485
Hamel	484	*Hémon*	534
Hardi	430	*Hénansal*	431
Harkaway	484	*Hénault*	485
Harris	484	*Henri*	485
Hasardeux, par Fortuné	485	*Héphestion*	485
Hasardeux, p. Hippomène	485	*Herbonville*	485
Hasta-Buen (V. *Ilhan*, n° 135)	433	*Héraut* (V. *Hamac*, n° 557)	484
Hastings, par John	430	*Hercule*, par Harlequin	485
Hastings, par Guyéder	430	*Hercule*, par Saint-Patrick	486

	Pages.		Pages.
Hercule, par Commandeur (V. *Hermès*, n° 574)...	486	*Hidalgo*	432
Hering	534	*Histrion*	486
Hérisson	431	*Holopherne*	486
Hermès, par Hermès	431	*Homme-de-Cœur*	486
Hermès, par Commandeur	486	*Honestus*	487
Hermès, par Rivoli	486	*Honfleur*	487
Hermion, par Hermion	431	*Horace*, par Salses	432
Hermion, par Hermion II.	431	*Horace*, par Mameluke	535
Hermion, par Paradox	486	*Horse*	432
Hermion II, par Hermion.	431	*Hortensia* (V. *Itys*, n° 147)	434
Hermion II (B. 1869)	432	*Hospodar*	432
Hérodote	486	*Houdon*	487
Héron	486	*Houra*	487
Héros, par Bataille	432	*Huelgoat*	432
Héros, par Kerdiaoul (V. *Jongleur*, n° 157)	435	*Hunter*	432
	435	*Hussein*	433
Heslri	534	*Hutin*	487
Hesref	535	*Hylas*	487
		Hypermnestre	487

I

Ibérien	487	*Infaillible*	489
Ibis	487	*Ingouville*, par Galantin	489
Ibrahim, par Ibrahim	433	*Ingouville*, par Rémus	433
Ibrahim (Gr. 1859)	488	*Ingres*	489
Idalus	488	*Inkermann*	489
Ignoré	488	*Innocent*	489
Ignotus (V. *Inov*, n° 142).	434	*Ino*, par Ino (V. *Thermidor*, n° 307)	453
Ilhan	433	*Ino*, par Y. Volunter	434
Illico, par Shamrock (V. *Incisif*, n° 599)	488	*Ino*, par Dagobert	489
Illico, par Desgenettes (V. *Izéron*, n° 620)	491	*Inov*	434
		Insidieux	490
Illustre (V. *Iton*, n° 615).	490	*Intègre*	490
Image	488	*Intrépide* (V. *Isomès*, n° 145)	434
Imbroglio	535	*Iota* (V. *Izeaux*, n° 149).	435
Imécourt	433	*Iris*, par Rémus (V. *Ingouville*, n° 140)	433
Impair	488	*Iris*, par Oglio (V. *Impair*, n° 595)	488
Impatient	488		
Imphy	433	*Iris*, par Serenader	490
Important	488	*Irminsul* (V. *Indompté*, n° 602)	489
Inachus, par Hermion	433		
Inachus, par Corlay	433	*Iroquois* (V. *Inachus*, n° 139)	433
Inachus, par Voltaire	488		
Incisif	488	*Irus*	490
Inconnu	489	*Isidore*, par Isidore	434
Indien	489	*Isidore*, par Camisard	490
Indompté	489		

— X —

	Pages.		Pages.
Islington	490	*Ivan*, par Chasseur	490
Ismaël, par Y. Émilius	535	*Ivary*	490
Ismaël, par Ismaël	434	*Iverny*	434
Isomès	434	*Ivry*	491
Itaque	434	*Izard*	491
Iton	490	*Izeaux*	435
Itys	434	*Izéron*	491
Ivan, par Alcala (V. *Imphy*, nº 137)	433		

J

	Pages.		Pages.
Jacob	435	*Jérémie*	492
Jacques	435	*Jespiney*	535
Jacques-May	491	*Joad*	492
Janina	435	*Jocko* (V. *Juba*, nº 633)	492
Janson	535	*John*, par John	435
Jargon	491	*John*, par Vétéran	435
Jarnac	435	*John*, par Phœnomenon	492
Jarnidieu	491	*John-Trottaway*	435
Jasmin, par Decrescendo (V. *Jargon*, nº 622)	491	*Jongleur*	435
		Joquelet	492
Jasmin, par Orphéon (V. *Joad*, nº 630)	492	*Joujou* (V. *Janson*, nº 975)	535
Jason (V. *Jean-le-Bon*, nº 624)	491	*Jourdan* (V. *Jérémie*, nº 629)	492
Jean-Bart	535	*Juba*	492
Jean-le-Bon	491	*Juillet*	436
Jean-sans-Terre	491	*Jujube*	436
Jéhovah	491	*Juniper* (V. *Bitley*, nº 412)	467
Jenner	492	*Juniper-of-Ely*	492
Jephté	492	*Jupin*	492

K

	Pages.		Pages.
Kaftal	493	*Kercompez*	436
Kali	493	*Kerdehoret*	436
Kapel	493	*Kerdiaoul*	436
Karnac	436	*Kérespont*	436
Kehelan-Saglawi	535	*Kerelec* (V. *Erable*, nº 68)	424
Kemper	436	*Kerever* (V. *Imécourt*, nº 136)	433
Kensington	493		
Keppler	493	*Kerfloch*	493
Kérassignol, par Rémus (V. *Guéménée*, nº 106)	429	*Kergréoch* (V. *Inov*, nº 142)	434
Kérassignol, par Alcala (V. *Imphy*, nº 137)	433	*Kerguésec*	493
		Kerguiduff	436
Kératan	493	*Kérim*	536

— XI —

Pages.

Kerjean, par Y. Volunter. — 437
Kerjean, par L'Ami — 437
Kerjean, par Fire-King — 437
Kerlabré — 437
Kerlambal — 437
Kerlan — 437
Kerlennoc — 437
Kermad — 437
Kermorus — 437
Kerneguès — 438
Kérounp — 438
Kérouséré — 438
Kerreddine — 493
Kersaint — 438

Kersauton — 438
Kerstrat — 438
Kéruscar — 438
Kervignac — 494
Kervingan — 438
Kinique — 494
Kirsch, par Friedland — 494
Kirsch, par Plutus — 536
Klopstock — 494
Kosiuski — 494
Kosroès — 494
Krestoffsky — 494
Kur-Pacha — 536
Kusko — 494

L

Labyrinthe — 494
L'Ami — 438
Lancastre, par Y. Trottaway (V. Méridien, no 203) — 441
Lancastre, par Brigand — 465
Lancastre, par Noteur — 495
Lancier — 495
Landseer — 495
Lannilis, par Croque-en-Bouche — 439
Lannilis, par Cheerly (V. Tréflez, no 313) — 453
Lanorguer — 439
Le Lutin — 536
Léon — 495
Le Piégeur — 536
Le Polonais (V. Auguste, no 910) — 527
Lesneven, par Aubriot — 439
Lesneven, par Lesneven — 439
Lesneven, par Eastham — 495
Lézard — 495
Liban — 536

Lieutenant, par Windham — 439
Lieutenant, par Voltaire (V. Sous-Lieutenant, no 802) — 511
Lieutenant, par Royal-Oak — 536
Ligueur — 495
Lilas — 495
Linon — 496
Liseron — 536
Longpré — 496
Lord-Hero — 439
Lord-of-the-Manor, par Lord-of-the-Manor (V. Dear-Manor, no 51) — 423
Lord-of-the-Manor, par Y. Quicksylver — 496
Louis — 439
Lubin — 496
Lucius — 496
Lully — 496
Luquent — 439
Luther — 440
Lutteur — 496
Lycaris — 496
Lycéen — 496

M

Mac-Ivor — 497
Madère — 440
Magicien — 497
Magister — 497

Magny — 497
Mahomet — 537
Major — 440
Malicieux — 440

Pages.

Malplaquet 440
Manassé 497
Manchon 497
Maravédis 497
Marcel 497
Marengo (V. Erian, no 73) 425
Marin 537
Maroufle 497
Marquis (Al. 1854) 498
Marquis (N. 1876) 440
Mars 537
Marsyas 498
Marville 440
Master 498
Mastrillo 537
Matador 440
Maurice 537
Max 498
Maximilien 537
Mazuline (V. Voyageur,
    no 1056) 545
Mécréant 537
Mercœur 498
Mercure (V. Gantelet, no
    93) 428
Mériadec, par Anténor ... 440
Mériadec, par Plouënan .. 441
Méridien 441
Mersay 498
Merwan 537
Météor 498

Midlothian ....
Mignon ....
Milan ....
Miraculeux ....
Miram ....
Moblot, par Neuilly ....
Moblot, par Valdemar ...
Moggy ....
Mohamed ....
Molière ....
Momères ....
Mon-Cher (V. Courtomer,
    no 934) ....
Moniteur ....
Montain ....
Montmirail ....
Moricq ....
Morock ....
Moscou ....
Moteur ....
Moumour ....
Mousse ....
Mouton ....
Muezzin ....
Muphti ....
Muster (V. Typhon, no 3..)
Mutin ....
Mystérieux, par Danube
    (V. Galantin, no 91) ..
Mystérieux, par Sylvio ..

N

Nabunal 500
Naïre 500
Nanteuil 500
Natchez 442
Nautilus 538
Négro, par Boxeur 442
Négro (N. 1873) 442
Neptune 442
Néron, par Usuel 442
Néron (Gr. 1837) 500
Nessus 442
Nestor, par Fire-King (V.
    Caumartin, no 32) 420
Nestor, par Neuilly (V. Po-
    lyeucte, no 242) 445

Neuilly, par Neuilly &
    Flying-Cloud ....
Neuilly, par Neuilly (V.
    Ténare, no 306) ......
Neuilly, par Neuilly (V.
    Natchez, no 211) .....
Neuilly, par Carignan ....
Neuilly III ....
Newmarket (V. Gallus, no
    527) ....
Newton ....
Nézib ....
Nicandre ....
Nicéphore ....
Nigel ....

	Pages.		Pages.
Niveleur	501	*Norfolk-Hero* (N. 1877)	501
Noirot	501	*Normand*	443
Norfolk-Hero, par *Norfolk-Hero*	501	*Novatien*	501
		Numide	501

O

	Pages.		Pages.
Oak	501	*Oreste*	539
Oakab	539	*Orfila*	502
Obligeant	501	*Orgon*	443
Odin	443	*Oriclès*	502
Old-Times	502	*Orphelin*	539
Olibrius	502	*Oscar* (V. *Osier*, n° 722)	502
Omar	443	*Osier*	502
Opulent (V. *Orfila*, n° 720)	502	*Ossian*	502
Or	502	*Owerton-Junior*	502

P

	Pages.		Pages.
Pacha	502	*Perruquier*	503
Pactole	503	*Peruzzi*	444
Paddy-Whack	539	*Petit*	444
Page, par Idoménée	503	*Peut-Etre*	444
Page, par Dictateur (V. *Priston*, n° 743)	504	*Philibert*	503
Pain-d'Epice	539	*Philosophe* (V. *Hatteras*, n° 117)	431
Palanquin	503	*Phœbus*	540
Panurge	443	*Phœnix*	503
Paradox, par Merlin	539	*Picard*	444
Paradoxe, par Paradoxe	443	*Pickle*	540
Paradoxe, par Suzerain	539	*Piétro*	540
Parisien (V. *Probus*, n° 744)	505	*Pitre*	540
Parlementaire	503	*Plazing-Star*	444
Patchouli	539	*Plewnadji*	540
Patriote, par Patriote	443	*Plouënan*	444
Patriote, par Vingt-Mars	540	*Plounévez*	444
Patrocle	503	*Plourin*	445
Péchard, par Emeutier	443	*Pluduno*	540
Péchard, par Great-Gun	443	*Pluton*	445
Pégase	444	*Polémon*	503
Penabs	444	*Polkeur*	445
Perfection (V. *Prado*, n° 737)	504	*Polydor*	445
Performer, par Perfection (V. *Good-Night*, n° 543)	482	*Polyeucte*, par Anténor	445
		Polyeucte, par Neuilly	445
		Pontchartrain	504
		Pontnulvis (V. *Tripoli*, n° 317)	454

	Pages		Pages
Potentat	504	Printanier	504
Pourceaugnac	540	Printemps	445
Prado	504	Priston	504
Pratique	541	Probus	505
Pretender, par Highflyer		Provisoire	446
(V. Good-By, n° 542)	482	Puissant	505
Pretender, par Garibaldi	504	Punch, p. Croque-en-Bou-	
Prickwillow (N. 1859)	504	che	446
Prime-Minister	504	Punch, par Punch	446
Primo	445	Punch, par Paradox	541
Prince-Caradoc	541	Pygmalion	541
Prince-Royal	504	Pylate	446

Q

	Pages		Pages
Quadruple	505	Quiddany	505
Quatrain	505	Quiétiste	506
Quelquefois	505	Quille-d'Argent	506
Quémeneur	446	Quimper	447
Quéré	446	Quine, par Matchless	506
Querelleur	505	Quine, par J'y-Songerai	
Quersta	446	(V. Quinet, n° 756)	506
Querville	505	Quinet	506
Quéven	446	Quinsac	506
Quiberon	446	Quintessence	541
Quick-Sylver, par Quick-		Quiroga	506
Sylver	447	Qui-Valse	506
Quick-Sylver (Al. 1863)	505	Quondam	506
Quick-Sylver, p. Jackson's-		Quoniam (V. Trégarvan,	
Quick-Sylver (V. Vif-Ar-		n° 315)	453
gent, n° 866)	518		

R

	Pages		Pages
Rabbin	541	Reitre, n° 768)	507
Rabelais	447	Rapide, par Orne (Bb.	
Rabot, par Fire-King (V.		1877)	447
Penbas, n° 229)	444	Raspail	447
Rabot, par Sénégal (V.		Ras-Terre	507
Echion, n° 61)	424	Rataplan	507
Radieux	506	Raton	541
Rageur	447	Réaumur	541
Ray-Merchant	507	Rébus, par Mesrur	542
Ramier	507	Rébus, par Fire-King	448
Ramoneur	447	Rébus, par Neuilly (V. Ur-	
Raoul, par Aubriot	447	gonte, n° 327)	455
Raoul, par Page	447	Rébus, par Windham (V.	
Rapide, par Auguste (V.		Roseau, n° 297)	449

Pages.

Rébus, par Centaure (V. Rochambeau, n° 779)... 508
Receveur ... 507
Rector ... 448
Refrain ... 507
Reitre ... 507
Rémus ... 507
Renfort ... 448
Reschid ... 507
Réséda (V. Receveur, n° 766) ... 507
Réservé ... 508
Rhus ... 508
Richard, par Alonzo-the-Brave ... 448
Richard, par Sir Richard ... 448
Richard, par Matador (V. Géraste, n° 98) ... 428
Richelieu ... 448
Richemont ... 542
Richepanse ... 508
Rigolo ... 448
Rigoureux ... 508
Rienzi ... 508
Rimini, par Gris-Gris ... 448
Rimini, par Sir Henry ... 508
Rival (V. Rienzi, n° 774) ... 508
Roadster ... 508
Robin ... 448
Robinson ... 508

Pages.

Roby, par Emeutier ... 449
Roby, par Usus (V. Erard, n° 70) ... 425
Rochambeau, par Centaure ... 508
Rochambeau, par Rochambeau (V. Huelgoat, n° 131) ... 432
Roche-sur-Yon ... 509
Rodrigue (V. Refrain, n° 767) ... 507
Roger-Bontemps (V. Rhus, n° 772) ... 508
Roi-de-Rome ... 542
Roitelet ... 449
Romarin ... 449
Romeux, par Romeux ... 449
Romeux, par First-Born ... 542
Romeux II ... 449
Roquelaure (V. Richepanse, n° 773) ... 508
Roseau ... 449
Rosier ... 449
Rouge-et-Noir ... 542
Royal-Fort ... 542
Rubens, par Y. Rattler ... 509
Rumine ... 449
Ruschan ... 542
Rustique (Gr. 1873) (V. Renfort, n° 265) ... 448
Rustique, par Dauphin ... 450
Ruy-Blas ... 509

S

Saint-Aaron ... 450
Saint-Aignan ... 542
Saint-Contest ... 509
Saint-Julien ... 509
Saklawi-Djedran ... 543
Salonique ... 509
Salpêtre ... 450
Salses, par Lord-of-the-Manor (V. Duperré, n° 59) ... 423
Salses, par Salses (V. Horace, n° 128) ... 432
Salses (V. Hénansal, n° 119) ... 431
Salses, par Pater ... 509

Salvator ... 509
Samy-Bey ... 543
Sans-Gêne ... 509
Sans-Nom (V. Marin, n° 988) ... 537
Sans-Reproche, par Rabdan ... 543
Sans-Reproche, par Jactator (V. Suffren, n° 804) ... 511
Santon ... 510
Sao-Eol ... 450
Saouy ... 510—549
Sapeur, par Idoménée ... 510

	Pages.		Pages.
Supeur, par Lodi (V. *Tyr-tée*, n° 834)	515	*Sir-Georges-Wownbell*	510
Saturne. par Ivanoff (V. *Sicilien*, n° 795)	510	*Sir-Henry-Dimsdale*	510
		Sir-Richard, par Sir-Char-les	511
Saül	450	*Sir-Richard* (Al. 1872)	511
Scaër	450	*Sizun*	451
Scapin	543	*Smuggler*	511
Schami	543	*Solide*, par Lodi	451
Schouaïman	543	*Solide*, par Estafette	511
Seins	450	*Sous-Lieutenant*	511
Sélim (Gr. 1853)	450	*Spezet*	451
Sélim, par Durzi	543	*Spozo*	544
Sénégal, par Fire-King (V. *Duvallon*, n° 60)	424	*Star*	451
Sénégal, par Sir-Georges (V. *Eradier*, n° 69)	425	*Starlight*	544
		Suffrage	511
		Suffren	511
Sénégal, par Unau	510	*Sultan*, par William (V. *Filateur*, n° 512)	479
Serenader	510	*Sultan*, par Harami	544
Sérignac	450	*Sultan*, par Tourayazi	451
Serviteur, par Serviteur	451	*Sybarite*	544
Seymour, par Révigny	543	*Sylvain*, par Sylvain	451
Shales	510	*Sylvain*, par Abrantès	511
Sibiril	451	*Sylvator*	511
Sicilien	510		

T

	Pages.		Pages.
Tagara	512	*Télémaque*	512
Talbot	512	*Téléphone*	452
Talisman	512	*Ténare*	452
Tallégas	452	*Teutatès*	512
Tall-Guen	452	*Thames* (V. *Mersay*, n° 686)	498
Tambour, par Cheerly	452	*The General*, par Rémus (V. *Ingouville*, n° 140)	433
Tambour, par Gall (V. *Timbreur*, n° 823)	513	*The General*, p. Lamplighter	512
Tarquin (V. *Hidalgo*, n° 127)	432	*The Manor* (V. *Epopte*, n° 67)	424
Taulé	452	*The Norfolk-Cob*	512
Taupin	452	*The Norfolk-Hero*	512
Tchad	452	*The Norfolk-Star*	512
Telegraph, par Mathurin (V. *Toucan*, n° 826)	514	*The Repealer*	513
Télégraphe, par Hussein	452	*Thermidor*	453
Télégraphe, par Yorkshire-Telegraph (V. *Téléphone*, n° 305)	452	*Thlaspy*	513
		Thomas, par Brillant (V. *Tchad*, n° 303)	453
Télégraphe, par Telegraph (V. *Tribonien*, n° 829)	514	*Thomas*, par Thomas	453

	Pages.
Thomas-Morus, par Thomas-Morus	452
Thomas-Morus, p. Koheil-Obayan-Seder	513
Thuya	513
Tice, par Tice's-Prickwillow	513
Tice, par Tice	453
Tiek	453
Tigre	513
Tilly	513
Timbreur	513
Tintamarre	513
Titus, par Dangerous	544
Titus, par Léotard (V. *Trivial,* nº 830)	514
Tobolsk	514
Têt-ou-Tard (V. *Teutatès,* nº 811)	512
Toucan	514
Tour	514
Tourayazi	544

	Pages.
Tout-Juste	453
Trébabu	453
Tréflez	453
Trégarvan, par Y. Trottaway (V. *Eryon,* nº 74)	425
Trégarvan, par Ingres	453
Trévise	514
Tribonien	514
Trident	454
Triolet (V. *Tilly,* nº 822)	513
Triomphe	544
Tripoli	454
Trivial	514
Trottaway	454
Turbigo	514
Turpin (B. 1860)	514
Typhon	454
Tyran	514
Tyrolien (V. *Tyran,* nº 833)	514
Tyrtée	515

U

	Pages.
Ukase	515
Ukraine (V. *Usidas,* nº 848)	516
Ulex (V. *Undecima,* nº 323)	454
Ulliel	515
Ulmo	515
Ulmus	515
Ulysse, par Elis	544
Ulysse, par Ulysse et Potentat	454
Ulysse, par Ulysse et Ramponneau	454
Ulysse, par Dauphin	454
Ulysse, par Oscar	515
Ulysse, par Liberator (V. *Usus,* nº 851)	516
Uncas	515
Undecima	454
Uniforme, par Fire-King (V. *Unipersonnel,* nº 324)	454
Uniforme, par Eastham	515
Union	515

	Pages.
Unipersonnel	454
Unisson	516
Upas	516
Urbise	455
Ureuil	516
Urgent	455
Urgonte	455
Uri	516
Urtin	455
Usager, par Jaggar	516
Usager, par Page	455
Usidas	516
Usité, par Windham	455
Usité, par Vaduis	455
Usité, par Valient	516
Usurier, par Neuilly	455
Usurier, par Lucholl	516
Usurier, par Kabin (V. *Ulliel,* nº 836)	515
Usus	516
Utinam	517
Uvard	517
Uzès (V. *Uvard,* nº 852)	517

V

	Pages.		Pages.
Vagon	517	Vertige	456
Vainqueur, par Sylvain (V. Esaïte, nº 75)	425	Vertuchoux	518
		Vétéran	518
Vainqueur, par Neuilly	456	Victor	456
Vainqueur, par Phaëton	517	Vif-Argent	518
Valentino, par Valentino	456	Vigilant (V. Vimoutiers, nº 870)	519
Valentino, par Saint-Germain	545	Vigneron	518
Valens	517	Vigoureux (V. Vigneron, nº 867)	518
Vandale	517		
Vandale II	456	Villageois	518
Va-nu-pieds	545	Vilna	519
Vassal (V. Armoricain, nº 7)	418	Vimoutiers	519
		Virevotte	519
Vautrait (V. Polémon, nº 734)	503	Viroflay	519
		Virtuose	519
Velours	517	Vivat	519
Vendémiaire	456	Volant	519
Vendredi	517	Voltaire, par Alonzo-the-Brave	456
Vénérable	517		
Veneur, par Veneur	456	Voltaire, par Corlay	457
Veneur, par Lozenge	518	Voltigeur, par Quiddany	457
Vengeur, par Neuilly	456	Voltigeur, par Neuilly	457
Vengeur, par Plutus	545	Voluptueux (V. Veneur, nº 861)	518
Ventriloque	518		
Verdelay	545	Voyageur, par Y. Trottaway (V. Vendémiaire, nº 336)	456
Vermillon	545		
Vernet	518		
Verneuil (V. Vertuchoux, nº 864)	518	Voyageur, par Royal-Oak	545
		Vulpin	519

W

Weighton-Merry-Leggs	519	Windham, par Windhound	546
West-Norfolk-Esquire	520	Windham II, par Fire-King, ou Windham (V. Wolf, nº 347)	457
Wild-Fire	520		
William	545		
Windham, par Windham	457	White-Face	545
Windham II, par Windham	457	Wolf	457

X

Xanthium	520	Xénocrate	520
Xantippe	520	Xyphoïdium	520

Y

<table>
<tr><td></td><td>Pages.</td><td></td><td>Pages.</td></tr>
<tr><td>Y. Anténor</td><td>457</td><td>Y. Napier</td><td>546</td></tr>
<tr><td>Y. Aubriot</td><td>457</td><td>Y. Orville</td><td>521</td></tr>
<tr><td>Y. Bayard</td><td>520</td><td>Y. Performer</td><td>521</td></tr>
<tr><td>Y. Black-Shales</td><td>520</td><td>Y. Snail</td><td>546</td></tr>
<tr><td>Y. Brandiface</td><td>546</td><td>Y. Trottaway</td><td>521</td></tr>
<tr><td>Y. Champion</td><td>520</td><td>Y. Volunter</td><td>521</td></tr>
<tr><td>Y. Garibaldi</td><td>520</td><td>Y. Windham</td><td>458</td></tr>
<tr><td>Y. Hermion</td><td>458</td><td>York</td><td>521</td></tr>
<tr><td>Y. Hutin</td><td>458</td><td>Yorkshire-Telegraph</td><td>521</td></tr>
<tr><td>Y. Ismaël</td><td>458</td><td>Youssouf</td><td>546</td></tr>
<tr><td>Y. Monarque</td><td>546</td><td>Yrieix</td><td>546</td></tr>
</table>

Z

Zéphir (V. Trébabu, n· 314) 453

2465. — Paris, Imp. Joseph Kugelmann, 12, rue de la Grange-Batelière.

www.ingramcontent.com/pod-product-compliance
Ingram Content Group UK Ltd.
Pitfield, Milton Keynes, MK11 3LW, UK
UKHW021910070726
13613UKWH00001B/446